国家社科基金重大招标（07&ZD026）最终研究成果

干旱区绿洲生态农业现代化研究系列丛书之五

绿洲现代农业机械化技术体系与作业规程

李万明　陈永成　著

中国农业出版社

图书在版编目（CIP）数据

绿洲现代农业机械化技术体系与作业规程/李万明，
陈永成著．—北京：中国农业出版社，2012.12
ISBN 978-7-109-17570-9

Ⅰ.①绿… Ⅱ.①李… ②陈… Ⅲ.①绿洲-农业机
械化-技术体系②绿洲-农业机械化-技术操作规程
Ⅳ.①S23

中国版本图书馆 CIP 数据核字（2013）第 005166 号

中国农业出版社出版
（北京市朝阳区农展馆北路 2 号）
（邮政编码 100125）
责任编辑　闫保荣

中国农业出版社印刷厂印刷　新华书店北京发行所发行
2012 年 12 月第 1 版　2012 年 12 月北京第 1 次印刷

开本：850mm×1168mm　1/32　印张：8.5
字数：226 千字
定价：26.00 元
（凡本版图书出现印刷、装订错误，请向出版社发行部调换）

总序言

　　2007年中央1号文件《中共中央国务院关于积极发展现代农业扎实推进社会主义新农村建设的若干意见》提出，发展现代农业是社会主义新农村建设的首要任务。农业现代化就是改造传统农业、不断发展农村生产力的过程。推进我国现代农业建设，要符合当今世界现代农业发展的一般规律，同时又必须从我国农村、农业、农民的实际出发，顺应我国农村经济发展的客观趋势。基于此，党的"十七大"报告中首次提出"走中国特色农业现代化道路"，并指出：加快现代农业建设，是提高农业综合生产能力的重要举措，是建设社会主义新农村的基础，事关全面建设小康社会大局，必须始终作为全党工作的重中之重。

　　自然地理生态环境是农业生产与发展的基础。中国西北干旱区是与东部季风区、青藏高原区并列，各具特色、分异明显的三大自然区之一。干旱区生态系统是由山地生态子系统、绿洲生态子系统、荒漠生态子系统三个相互依存、相互制约的系统组成。在"山盆系统"中下部的扇形地带，地势平坦，地下水出漏，地表物质多为颗粒较细的肥沃土壤，这就是天然绿洲，又称绿洲的

"内核"。

"绿洲（oasis）"又称为"沃洲"、"沃野"、"水草田"。"oasis"源自希腊语，指荒漠中能"住"和能"喝"的地方。绿洲土壤肥沃、灌溉条件便利，往往是干旱地区农牧业发达的地方。当人类逐水草而居后，引水灌溉，围绕"内核"呈圈层向外扩展开发，绿洲就演化成了自然、社会、经济和生态的复合系统，称之为"现代绿洲"。绿洲生态子系统内水、土、光、热资源丰富，宜于多种农作物的种植，且各自然要素之间的组合关系较好，具备"两高一优"农业的自然基础。

干旱区绿洲景观是以荒漠为基质，依水分条件发育各种植被生态体系，再叠加人工生态体系，如农耕地、人工林网及人工草场等，构成十分复杂的生态系统景观。绿洲是干旱区人类生存和生产的核心场所，是干旱内流区能流、物流最集中的场所，同时也是干旱区最敏感的部分。西北干旱区包括陕北、甘肃河西、内蒙古西部、青海西北部、宁夏、新疆五省（自治区）面积有304万平方公里，占全国陆地面积的31%，人口占全国的7.2%。特别是新疆国土面积166万平方公里占全国的1/6，人口仅占总人口的1.6%，地域辽阔，人口稀少，矿产、能源资源极为丰富，已成为国家能源、化工及原材料重要基地，也是国家特色农产品基地和粮食安全后备基地。

西北干旱区绿洲是我国绿洲的主要分布区，由于光热水土的特殊组合，形成独具特色的绿洲生态农业，具备了建立优质、高产、高效农业的优越条件。目前绿洲高效农业成为国家特色农产品基地的优势已显现，如新疆优质棉产量占全国的 1/3，大面积丰产，小面积超高产的世界纪录都在新疆。同时，西北干旱区绿洲生态农业后备资源极为丰富，新疆人工绿洲占国土面积的 5％，是我国农地资源开发的接替区，是解决我国长期内"农业及粮食安全"的希望所在。然而，由于长期不合理的开发利用，造成自然环境恶化，水土流失、土地"三化"现象严重，生态承载能力急剧下降。据统计西北地区冰川面积缩减 25％，森林面积减少 25％，草地退化 60％，沙漠化的面积占国土面积的 27.3％，并且每年以 2460 平方公里的速度推进，盐碱地面积达 11 万平方公里，次生盐渍化面积占耕地的 1/3，低产田占耕地的 30％～40％。

党的十七大报告中提出：要加强农业基础地位，走中国特色农业现代化道路，增强农业综合生产能力，确保国家粮食安全。2007 年中央 1 号文件提出发展现代农业是社会主义新农村建设的首要任务。推进现代农业建设，顺应我国经济发展的客观趋势，符合当今世界农业发展的一般规律，是促进农民增加收入的基本途径，是提高农业综合生产能力的重要举措，是建设社会主义新农村的产业基础，也是有效解决绿洲农业问题，实现绿洲农业可持续发展的根本举措。

建设现代农业的过程，就是改造传统农业、不断发展农村生产力的过程，就是转变农业增长方式、促进农业又好又快发展的过程。随着新一轮西部大开发的快速推进，国家对西部的农业开发、资源开发及生态环境恢复与重建的力度在加强，使得西部地区农业发展潜力的优势更加明显。因此，加速实现西部干旱区生态农业现代化步伐，用科学发展观和现代科学技术开发绿洲生态农业，是西部大开发经济与生态协调发展、环境保护与开发并重的战略要求。

鉴于干旱区绿洲农业基本属于冲积扇平原，人均耕地面积大，后备耕地资源丰富，水资源严重不足（农业用水占到90％，农业水利用率仅为36％），不合理的开发模式和无限制的农业用水，导致绿洲危机四伏。我们提出了"干旱区绿洲生态农业现代化模式"。水资源约束是西北地区绿洲耕地扩大的"瓶颈"，因此推广现代节水技术不仅可进一步扩大耕地面积，还可兼顾荒漠生态恢复用水，西北干旱区绿洲农业应该是规模化、机械化的现代农业发展模式；以生物技术充分利用绿洲光热资源提高土地产出率，因为绿洲丰富的光热资源为生物高产和超高产提供了条件和可能，种子和栽培技术突破就可以实现"两高一优"的现代农业目标；以节水技术扩大垦殖面积和运用大型机械提高劳动生产率，实现规模化经营，达到农民增收的目标。"干旱区绿洲生态农业现代化路径"是：必须以绿洲生态农业可持续发展为前提，以农地制度、水权制度、林权制度安排为基础，以发展节水型农业、推广现代节水技术为核心，以推广现代农业机械技术、信息化技术为手段，以规模化经营为组织形式。

　　本系列丛书包括既独立成章、又密切相关的五本丛书，它们是国家社科基金重大招标项目"干旱区绿洲生态农业现代化模式与路径选择研究"（项目编号：07&ZD026）的系列研究成果。系列丛书与项目研究成果的逻辑关系是：丛书之一《基于生态安全的绿洲生态农业现代化研究》是根据子课题一"干旱区绿洲生态农业与农业现代化"和子课题二"干旱区绿洲生态农业现代化的条件及制约因素分析"研究成果编纂的；丛书之二《干旱区绿洲生态农业现代化模式研究》是子课题三"干旱区绿洲生态农业现代化模式的设计"、子课题六"干旱区绿洲生态农业现代化典型与实证研究"和子课题七"干旱区绿洲生态农业现代化道路对策及政策建议"的研究成果编纂的；丛书之三《绿洲生态农业现代化制度路径研究——以新疆生产建设兵团为例》是在子课题五"干旱区绿洲生态农业现代化的制度安排"研究成果基础上形成的；丛书之四《绿洲现代农业节水灌溉技术体系与规程》；丛书之五《绿洲现代农业机械化技术体系与作业规程》是根据子课题四"干旱区绿洲生态农业现代化技术的选择及集成"的研究内容系统化编写而成的。

李万明

2012 年 6 月 10 日于石河子大学

前　言

　　农业机械化大幅度提高农业劳动生产率，农业机械是现代农业的物质基础，是衡量现代农业发展程度的重要标志。深耕深松、化肥深施、节水灌溉、精量播种、设施农业、高效收获技术等新技术的推广应用，只有以农业机械为载体，通过机械的动力、精确度和速度才能达到。农业生产中的抢收抢种、抗旱排涝、大规模的病虫害防治等，更是需要依靠机械化作业。使用农机作业，可以大幅度提高农业生产效率和质量，并且节种、节水、节肥、节药、节省人工，降低生产成本，减少污染。

　　实行农机标准化是农业内部挖掘潜力、节本增效的主攻方向。特别是近年来，针对农业发展新阶段、新形势、新任务的要求，农机标准化实际上就是在农业生产过程中引入工业化生产的概念，在农业生产的各个环节上都要做到制定标准、按标准实施。本质上说，农机标准化是一种理念，一种管理方式，一种手段。实施农机标准化的根本就是把科技兴农贯穿于农业生产的全过程。标准化实际上是农业规程的一种规范和实施，也是新技术固化在农业生产过程的一种方式。离开了农业技术的提升，离开了新技术的固化、推广和应用，就没有实施标准化的前提。农机作业标准化不是软任务，而是提高农业生产水平，增加农产品竞争力的硬措施，抓农机作业标准化，可以出产量、出质量，出效益。一是实施农机作业标准化是推进农业现代化的重要手段，是农业生产过程中科学管理的重要组成部分。农机作业标准化可以将先进技术和组织管理的诸方面有机联系起来，农机与农艺相结合，使农业生产能按自然规律和经济规律有序进行。农机标准化是推广运用先进技术的重要手段，是使农业科技成果转化成现实生产力的途径。种植规模化、作物生产基础化、农业精准化和田间作业的规范化，都是通过实施农机作业标准化来完成的。二是实施农机作业标准化，是发展高产、优质、高效和抗灾农业的需要。坚持实施农机标准化，对提高农产品产量、改进农产品质量、降低农产品成本、增加防灾抗灾能力、提高农业经济效益等都有极大的促进作用。

本研究立足于干旱区绿洲，对干旱区绿洲农业机械化标准化进行了相关研究。主要内容分为四大部分：第一部分（第一章）主要论述了现代农业的概念和内涵，农业机械化的概念和内涵，农业机械化与建设现代农业的关系，农业机械化科学发展的战略思想，农业机械化科学发展的战略措施。第二部分（第二章）总结了绿洲农业生产特点与农业机械作业技术的选配。绿洲农业生产有着干旱少雨，开春晚、秋霜早，无霜期短，作业期集中等显著特点，属于完全灌溉区，农业生产不但有犁、耙、播、收等常规的机械，而且需要修渠、筑埂、开沟等满足灌溉的机械；具有铺膜、铺管功能的多功能联合种植机械和地膜回收机械；需要的机械种类多，结构复杂，对农机选配提出了较高要求。提出了农机尽量适应农艺技术要求和农机与农艺相融合选配农业机械的思想。第三部分（第三章）绿洲现代农业生产机械化技术体系。总结了小麦、棉花、玉米、甜菜等绿洲主要作物生产机械化技术体系。第四部分（第四、第五、第六、第七、第八章）研究总结了耕整地、播种、中耕、植物保护与化学控制、收获等机械化作业技术规程与作业标准。耕地作业技术规程与作业标准主要介绍了铧式犁耕地作业技术规程与作业标准，深松作业技术规程与作业标准，旋耕作业技术规程与作业标准，平地作业技术规程与作业标准，整地作业技术规程与作业标准。种植作业技术规程与作业标准主要介绍了传统条播作业技术规程与作业标准，穴播作业技术规程与作业标准，精密播种作业技术规程与作业标准，育苗移栽作业技术规程与作业标准。中耕作业技术规程与作业标准主要介绍了一般中耕作业技术规程与作业标准，中耕开沟施肥作业技术规程与作业标准。病虫害防治与化除化控等植保作业技术规程与作业标准主要介绍了喷洒除草剂作业技术规程与作业标准，病虫害防治喷雾作业技术规程与作业标准，喷洒植物生长调节剂作业技术规程与作业标准，喷洒脱叶催熟剂作业技术规程与作业标准。收获作业技术规程与作业标准主要介绍了谷物收获作业技术规程与作业标准，玉米收获作业技术规程与作业标准，机采棉作业技术规程与作业标准，青贮饲料收获作业技术规程与作业标准，秸秆粉碎还田作业技术规程与作业标准。

本成果是在国家社科基金重大招标项目《干旱区绿洲生态农业现代化模式与路径选择研究》（项目编号：07&ZD026）的研究成果基础上编纂而成的。由于项目组主要研究人员所承担的教学、科研工作量重，相关研究人员知识水平、研究水平有限等原因，在课题的撰写过程中难免存在不足之处，望各位专家和读者批评指正！参加本书撰写的人员为（按在课题中承担的工作量和任务排序）：李万明、陈永成、付威、魏巍、熊志远、何荣、刘晓飞。

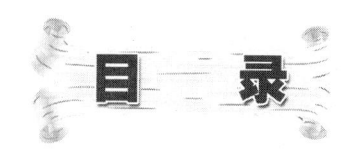

目　录

第一章

绪　　论

现代农业是以农业机械化为物质技术基础的农业。农业机械化水平的高低，是国家农业工业化和现代化水平的重要标志。农业机械化作为农业生物高新技术研究成果得以有效实施和推广的关键载体，对于提高粮食综合生产能力，保障国家粮食安全，促进农业产业结构调整，加快农业劳动力的转移，逐步发展农业规模经营，发展农村经济，增加农民收入，加快现代农业建设进程，提高农产品市场竞争力都具有重要的作用。

1.1　农业现代化

在发达国家，现代农业的内涵较之传统农业有了很大的发展。加拿大把现代农业定义为"农业及农产食物产业"，美国定义为"食物和纤维体系"，日本定义为"农业、食物关联产业"。加拿大农业及农产食物产业由一系列现代经济部门组成，包括初级产品生产者（农场主）、生产资料供应者以及食品加工和零售商，直到消费环节。美国食物和纤维体系划分为 3 个既有区别又相互联系的供销环节，即产前、产中和产后环节。产前环节主要是农用生产资料的供应，包括农机、农药、农膜、化肥、柴油、种子、饲料等投入物资的供应；产中环节包括种植业从种到收，畜牧业从育肥到出栏，林业从栽培到采伐，渔业从放养到捕捞等；农业产后环节包括农产品的收集、运输、加工、储存和销售。日本农业、食物关联产业划分为五大产业部门：农林渔业部门、关联产业部门（食品产业、资材供应产业）、关联投资部门、饮食业和关联流通产业部门。我国原国家科学技术委员会发布的中国农业科学技术政策，对现代农业的内涵划分为 3 个领域来表述：产前领域包括农业机械、化肥、水利、农药、地膜等学科和领域；产中领域包括种植业（含种子产业）、林业、畜牧业（含饲料生产）和水产业；产后领域包括农产品产后加工、储藏、运输、营销及进出口贸易技术等。从上述不同国家对现代农业的表述可以看出，现代农业突破了原有传统农业的内涵和领域，农业机械的运用贯穿于每个环节。因此，所谓现代农业，实质是以现代科学技术及其应用、现代工业技术及其装备、现代管理技术、现代农产品加工技术、现代农产品流通技术及其营销为基础，产供销相结合，贸工农一体化，高效率与高效益的新型农业。从目前世界农业发展的大趋势和环境来看，我国要实现农业现代化，至少应具备以下 10 个方面的特征。

1. 生产技术高科技化　高科技是一种以人才、知识、技术、资金、风险、信息为一体的产业密集、竞争性和渗透性强，对人类社会的发展进步具有重大影响的前沿科学技术。就农业而言，是农业向现代化进化的动力源泉。农业生产技术高科技化是指把先进科学技术广泛应用于农业，从而收到提高产品产量、提升产品质量、降低生产成本、保证食用安全的效果。实现农业现代化的过程就是先进的前沿科技不断注入农业的过程，不断完善农业的基础科研、应用科研及推广体系，不断提高前沿科技对增产贡献率的过程。21 世纪是前沿科技的世纪。新技术、新材料、新能源的出现，将使农业现状发生巨大的变化，前沿科技将在传统农业的改造过程中，发挥至关重要的作用。如果离开前沿科技的注入，农业的现代化就会停滞不前。

2. 生产组织社会化　生产组织社会化是对微观经济单元的组合布局进行引导，对社会分工进行协调，对专业化生产进行管理的实施过程。它意味着农业生产与流通活动的各个部门、各个环节，必须和社会上的有关部门、市场主体有机地联系起来，并要随着现代化的不断推进提高这种依赖程度，以达到扬长避短、优势互补，提高劳动生产率的目的。现代化的生产是社会化的大生产。它排斥生产的小而全和封闭型经营状态，青睐按专业化分工组织生产，要求走开放式经营的道路。生产的专业化、生产组织的社会化、流通范畴的洲际化，构成了社会化大生产的"三要素"，是实现农业现代化过程中刻意追求的发展方向。

3. 生产过程机械化　生产过程的机械化是指运用先进设备代替人力的手工劳动，在产前、产中、产后各环节中大面积采用机械化作业，从而降低劳动者的体力强度，提高劳动效率。农业全过程的机械化包括选种、育秧、耕地、播种、施肥、除草、灌溉、收割、脱粒、烘干、仓储、加工、包装、运输等从种粒到餐桌所有环节的机械操作。机械化不等于现代化，但它在现代化的构成中占有重要的地位，它是实现现代化的基础，或者说是充分的必要条件。没有机械化的支持，也就不可能有农业现代化。

4. 人力资源知识化　人力资源又称劳动力资源或劳动力，是指能够推动整个经济和社会发展、具有劳动能力的人口总和。人力资源包括体力和智力。如果从现实的应用形态来看，则包括体质、智力、知识和技能4个方面。人力资源知识化是指从事农业生产或经营的人，一定要具备现代化水平的体质、智力、知识和技能水平。劳动者是生产力构成中最有活力的因素。其对农业增产增效的贡献占有相当的比重。在农业生产经营过程中，人可以创造先进的生产工具，探索先进的科学技术，总结先进的管理经验。无论是增长方式的转变，还是生产绩效的提高，都是在人的主观能动作用下得以实现的。从这个意义上说，我们要实现的农业现代化，是以人为本的现代化。提高劳动者的文化知识和技能水平，既是农业现代化的目标，也是实现目标的可靠保证。

5. 增长方式集约化　现代农业与传统农业相比，传统农业是落后的，集约经营与粗放经营相比，粗放经营是落后的。现代农业与传统农业，集约经营与粗放经营都有一定的对应关系。由传统农业向现代农业的方向转化，一个基本的同步条件是农业增长方式要从粗放经营向集约经营转变，摒弃传统的粗耕简作，推广现代的精耕细作，在化肥、农药、灌溉等方面投入边际效益递减，外延扩大生产余地变小的情况下，把增产的基点转到挖掘内部潜力，降低生产成本，提升产品档次，提高综合效益和劳动者素质的轨道上来。

6. 经营循环市场化 现代农业的一个显著标志是市场成为农业经济运行的载体。面向市场来组织生产，投入—产出—消费的经营循环都要在市场上得以实现。这是农村经济由传统的自给自足的自然经济形态走上现代的、商品的市场形态的必由之路。在资源的配置上，行政手段的退出与市场功能的发挥，是现代农业的一个基本特征。在生产的目的上，产品自给自足的消亡与纯粹用于商品交换的转换，是现代农业的又一基本特征。产品的商品率如果达不到一个较高的程度，农业的现代化就"化"不起来。

7. 农业生产绩效高优化 农业现代化能否做到高产优质高效，这是我们检验现代化成功与否的重要因素。如果生产经营的最终成果是产品产量低、质量次、经济效益低，那么，就应该问一问装备配置是否科学，生产工艺和技术是否落后，增长方式是否还停留在粗放的形态上，经营理念是否还停留在传统的农业经济上，生产的社会化程度是否理想。也就是说，生产的绩效如何，对是否真正实现了现代化，具有一票否决的作用。生产经营的绩效，应该是个实实在在的指标考核体系，比如，单位产量、优质品率、劳动生产率、企业利润等。实现农业现代化的真功夫，应该下在提高绩效成果上。

8. 农业标准化 农业标准化是指为了有关各方面的利益，对农业经济、技术、科学、管理活动中需要统一、协调的各类对象，制订并实施标准，使之实现必要而合理的统一的活动。其目的是将农业的科技成果和生产实践相结合，制订成技术标准和管理标准向农民推广，最终生产出质优、量多的农产品供应市场。农业生产经营活动要以市场为导向，建立健全规范化的工艺流程和衡量标准。农业标准化包括农业标准和农业监测两个方面。其把农业科学技术推广应用科学化、规范化、系统化、程序化，已成为商品生产和农业科技推广的一种有效形式，为现代农业生产的规范化、标准化、市场化提供了技术支撑，有力地推动和促进了现代农业的发展。

9. 农村社会城镇化 农村社会城镇化是指各种要素不断在农村城镇中集聚，农村城镇人口不断增多，城镇数量、规模不断增大，质量不断提高的过程。从近期来看，加快农村城镇化，可以启动农村市场、扩大内需、拉动经济增长、扭转中国宏观经济"偏冷"的趋势。从长远来看，农村城镇化是中国社会经济发展的必然趋势和农村实现现代化的必由之路。农村城镇化的发展对打破城乡二元社会经济结构，缩小城乡差别，促进城市化和工业化协调发展，实现土地、劳动力、资金等生产要素的优化配置，有着重要意义。

10. 农业发展的可持续性 农业发展的可持续性主要体现为"三个可持续性"协调发展。一是生产持续性，即保证农产品稳定供给，以满足人类发展对农产品需求的能力；二是经济持续性，即不断增加农民经济收入，改善其生活质量的能力，主要体现于产业结构以及农民生活水平等方面；三是生态可持续，即人类抵御灾害以及开发、保护、改善资源环境的能力。这种能力是整个农业发展与经济增长的前提。没有良好的资源基础和环境条件，常规式的现代农业就会陷入困境之中。我国是世界上最大的发展中国家，其农业投入水平较低，经营粗放，规模小。农业劳动生产率只有发达国家的1/5，人均粮食占有量仅占发达国家的1/3，肉类仅占1/5，人均农产品总产值占1/4。在这种形势下，只有从我国的国情需要出发，把可持续发展放在突出地位，同时兼顾几个持续性的协调统一，使经济增长与环境质量改善实现协调发展，才能顺利实现农业现代化。

发展现代农业是社会主义新农村建设的首要任务。为此，要用现代经营方式推进农业，要用现代发展理念引领农业，要用现代物质条件装备农业，要用现代科学技术改造农业，要用现代产业体系提升农业，要用培养新型农民发展农业，目的就是提高农业水利化、机械化、信息化水平，提高土地产出率、资源利用率和农业生产率，提高农业素质、效益和竞争力。发展现代农业与中国几千年自给自足的农业和计划经济的农业，有着根本区别。现代农业就是市场配置的农业，是商品经济的农业，是功能多元化的农业。发展现代农业的理念，必然引起农机发展理念的根本性转变。实现农业由传统农业向现代农业转变，既是历史的必然，又将是一个长期的过程。

1.2 农业机械化

1.2.1 农业机械化概念与内涵

农业机械化是一个不断完善、不断发展、不断提高的过程，不同时期有着不同的含义。中华人民共和国农业机械化促进法给出现阶段的定义是：运用先进适用的农业机械装备农业，改善农业生产经营条件，不断提高农业的生产技术水平和经济效益、生态效益的过程。

从社会经济、地位作用理解：发展农业机械化，是新形势下加强农业基础地位，增加农民收入，提高农业综合生产能力的必然要求；农业机械化是大农业的机械化，包括种植业、园林园艺、养殖业、渔业、农产品初级加工等；农业机械化的基本特征是用机器代替人、畜力进行农业生产，最终实现机械化、自动化。农业机械化是一个不断提高、不断完善的过程。

现阶段发展农业机械化的指导思想是把推进农业机械化纳入国民经济和社会发展规划，实施财政支持、税收优惠政策和金融扶持等措施，逐步提高对农业机械化的资金投入，充分发挥市场机制的作用。按照因地制宜、经济有效、保障安全、保护环境的原则，促进农业机械化的发展。

1.2.2 农业机械化发展与现状

我国自新中国成立以来，随着经济和农机化水平的不断发展，大致经历了行政推动阶段（1949—1980年）、机制转换阶段（1981—1994年）、市场导向阶段（1995年以后）等三个阶段。通过50多年的建设，已形成了比较完整的农机工业体系；农业机械装备大量增加，成为农业生产的重要物质基础；农田作业机械化水平显著提高；形成了较健全的农业机械化服务支持体系；促进了农业科技进步和农村社会进步。国营机械化农场使用各种较大型农业机械，除完成农场本身的农田作业外，还为附近农民代耕代种，对中国农业机械化的发展起到了很好的启蒙和示范作用。国营机械化农场培养了大量的农机人才，在农业机械化生产计划、机具的选型配套、农作物的机械栽培技术、机器的作业定额、维护保养等方面提供了宝贵的经验。可以说农业机械化在推动科技进步，加快农业科技成果的转化，增强农业综合生产能力和抗灾能力、发展规模经营、增加职工收入等方面发挥了不可替代的作用。农业机械化的发展，为农业生产奠定了坚实的技术和物质基础，也为推进我国农业现代化建设进程发挥了示范作用。

"十一五"期间我国农业机械装备总量大幅增长，截至2010年全国农机总动力达到9.28亿千瓦，同2005年相比增长了35.2%。农业机械装备结构不断优化，大马力、多功能、高性能及薄弱环节的农业机械增长迅速。2010年大中型拖拉机、插秧机和联合收获机分别比2005年增长181%、318%和108%，大中拖与小拖比例从2005年的1：11提高到2010年的1：4.6，同时在经济作物、林果业及农产品初加工机械发展水平方面加快提升。截至2010年，全国耕种收综合机械化水平达到52.28%，比 2005 年提高了 16.38 个百分点。其中，小麦、水稻、玉米三大粮食作物综合机械化水平分别达到 91.26%、60.51%、65.94%；水稻种植、玉米收获机械化水平分别达到 20.9% 和 25.8%；油菜、棉花、甘蔗、马铃薯、花生等生产机械化技术推广面积逐年增加；全国保护性耕作实施面积达到 6500 万亩，比 2005 年增长 6.5 倍；机械化精量播种、免耕播种、秸秆粉碎还田、节水灌溉面积大幅增加，分别达到 5.08 亿亩、1.67 亿亩、4.28 亿亩、1.75 亿亩，比 2005 年分别增长 34.4%、91.4%、47.4%、38.5%；机械化健康养殖技术、设施农业技术普及应用加快，温室面积达到 1700 万亩，增长幅度达到 71.5%。

1.2.3　农业机械化存在的主要问题

根据建设现代农业的要求，农业机械化发展中存在着一些突出问题。一是农业机械化发展已严重滞后于国民经济和社会发展的需要，农业机械化投入、农机品种、质量、农机作业项目和农业机械化服务与农业结构调整和农民增收需要的矛盾日益突出，农业人口过多和农业生产方式落后的状况没有根本改变，农业机械化落后已成为制约我国现代农业建设和农业现代化进程的主要症结，成为生产力发展和社会进步的障碍。二是农业机械化水平很低，与农业大国的地位及日益增强的经济实力很不相称，与党的十六大提出的建设现代农业的战略目标还有很大差距。三是农业机械化水平不适应农业参与国际竞争。

1.2.4　中国特色农业机械化发展道路

发展农业机械化，必须按照因地制宜、经济有效、保障安全、保护环境的原则，走政府扶持、市场引导、社会化服务、共同利用、提高效率的具有中国特色的农业机械化发展道路。走中国特色农业机械化发展道路，构建我国农业机械化发展的长效机制，必须把农民作为发展主体，同时也必须发挥好政府的扶持引导作用，想方设法解决农民"买得起、用得好、有效益"的问题。"买得起"就是要针对农民收入还处于较低水平的实际，一方面国家要加大财政补贴、信贷等政策扶持的力度，解决农民购买力不足和资金筹措困难等问题；另一方面要积极引导农机制造企业，重点研制生产适合当前农民购买力的先进适用农业机械。"用得好"是要解决好农业机械使用的可靠性、适应性和安全性问题，要加强农业机械产品的研究开发和质量监督工作，做好农业机械的试验选型、安全检验和技术推广工作，让农民安全放心地使用农机。"有效益"就是要积极培育农机作业市场，发展壮大市场主体，加强组织协调和引导服务，提高机具利用率和使用者的经济效益，让雇佣农机作业的农户能节本增效，让农机经营者有钱可赚，这是市场经济条件下农业机械化发展的不竭动力。

始终坚持发展是第一要务，实现农业机械化又好又快发展。目前，我国农业机械化整体水平仍然较低，远远落后于欧美、日韩等国家，还不能适应现代农业发展的要求。今后一个时期，我们必须采取更加有效的措施，支持和推动农机装备总量持续增加，结构进一步优化，农机作业水平不断提高，努力做到速度、质量、效益的有机统一，实现农业机械化科学发展、和谐发展、安全发展，为发展现代农业打下坚实基础。

始终坚持以人为本，发挥好广大农民群众发展农业机械化的积极性。农民群众是发展农业机械化的主体。当前，要重视培养为农业生产服务的农村人力资源队伍，以培养农村农机人才为主要手段，加强农业机械化技术推广和普及，让农民群众充分共享社会进步的成果。

始终坚持全面协调可持续发展，切实提高农业机械化的发展质量。在保持较高农业机械化发展速度的同时，要加强宏观调控，逐步改善农机装备总量中"三多三少"（动力机械较多，配套农具少；小型机具较多，大中型机具少；低档次机具较多，高性能机具少）问题，促进各种作物、各个环节、各个区域的生产机械化协调发展。同时，要按照节能减排的要求，对高能耗、高排放的老旧机具逐步淘汰和更新，鼓励发展节油、节水、节肥、节种、节药等节约型农业机械，大力推广机械化综合利用、高效植保、保护性耕作等环保型机械化技术，促进农业的可持续发展。

始终坚持统筹兼顾，齐心协力促进农业机械化发展的新局面。首先，要统筹农业机械化推广、鉴定、监理、修理等体系建设，提高农机产品质量、作业质量、维修质量；其次，要统筹农机工业、科研、流通等支撑行业发展，有效利用国内国际农业机械化技术资源，促进国内农业机械化技术进步和产品结构优化升级，不断提高为"三农"服务的能力和水平。

1.3 农业机械化与建设现代农业的关系

世界上大多数发达国家在 20 世纪 60 年代先后实现了农业机械化，继而实现农业现代化。这些国家在建设现代农业道路的选择上大致可分为 3 类：一类是人少地多、劳动力短缺的国家，如美国、加拿大等，凭借发达的现代工业和低价能源的优势，大力发展农业机械，以机器取代人力和畜力，通过扩大种植面积，提高农作物的总产量，这类国家以提高劳动生产率为主要目标；一类是人多地少、耕地资源短缺的国家，如日本、荷兰等，把科技进步放在重要位置，通过改良农作物品种，加强农田水利设施建设，发展农用工业，提高化肥与农药施用水平，致力于提高单位面积产量，这类国家以提高土地生产率为主要目标；一类是土地、劳动力比较适中，如法国、德国等，既重视现代工业装备农业，又重视现代科学技术的普及与推广，这类国家以提高劳动生产率和土地生产率并重为主要目标。综观发达国家建设现代农业和实现农业现代化的历程，虽然各国在建设现代农业的道路和技术路线的选择上有所不同，但都无一例外的先实现农业机械化，进而实现农业现代化。在由传统农业向现代农业发展的历史阶段，农业机械是农业生产要素中影响现代农业进程的关键因素，并且农业机械化水平是实现农业现代化和形成农业竞争力的核心因素，农业机械化水平的高低决定着农业现代化的进程和农业竞争力的强弱。农业机械是先进生产力的代表，是实施先进农业科技的载体，是建设现代农业的物质基础，机械化水平是衡量农业、农村发展水平的重要标志。可以说，农业机械化渗透和贯穿于社会主义新农村建设和现代农业发展的多个方面和各个环节，有着十分重要的战略地位和作用。

农业机械化大幅度提高农业劳动生产率，是现代农业的重要物质基础。农业机械是农业生产的重要工具，是农业生产力的重要要素。发展农业机械化实质上是一场生产手段的技术革命。农业机械装备突破了人、畜力所不能承担的农业生产规模的限制，机械作业实施了人工所不能达到的现代科学农艺要求，改善了农业生产条件，提高了农业劳动生产率和生产力水平，为农场规模扩大，农产品品质提高，形成专业化、商品化生产提供了可能。已经实现了农业现代化的国家，农业固定资产的大部分是农业机械，农业产前、产中、产后的作业都是靠机械设备来完成。据统计，20 世纪 90 年代中后期美国每个农业工人拥有的机械设备达 1.5 万美元，比制造业工人拥有的机械装备高 22%。法国和德国的每个农业工人拥有的固定资本也在 2 000 美元以上，日本每个农业工人也拥有 1 500 多美元的农业固定资产，这些国家的农业固定资本主要是农业机械装备。生产要素的选择和组合不同，反映出怎样生产、用什么劳动资料进行生产的方式不同，也反映出不同国家和不同时代的社会生产力具有不同的水平。在农业生产中选择生产方式不变、增加劳动投入和选择改变生产方式、增加机器投入、减少劳动投入是两种不同的技术路线，其结果是前者生产力提高缓慢，现代农业建设进程缓慢，竞争力弱；后者生产力提高快，现代农业建设进程加快，竞争力强。

农业机械化发展促进了农业劳动者文化素质的提高。舒尔茨在《改造传统农业》中说："在解释农业生产的增长量和增长率的差别时，土地的差别是最不重要的，而物质资本的差别是相当重要的，农民能力的差别也是最重要的。"从人力资本理论角度阐述了农民的能力和素质与现代农业的关系。实现农业机械化的过程，要求农民必须具备一定的科技文化素质和修养，才能较好地掌握农业机械的操作、使用、维修及相应的农业机械化技术。根据 1990—2002 年农业机械化作业水平和农业劳动力文化素质（用每百个农业劳动力中文化状况表示）的历史数据，对农业机械化与农业劳动力文化素质之间的关系进行定量分析。结果显示，农业机械化水平与农业劳动力文化素质指数显著相关，在此期间，农业机械化水平每提高 1 个百分点，农业劳动力文化素质指数提高 0.2389。国际经验也能给我们提供很多例证。例如，农业机械化水平很高的美国农民，不但普遍受到 12 年义务教育，受高等教育的也占 30％以上，而且这个比例越来越高，无论是农场主还是一般农民，都会使用农业机械，农业劳动生产率非常高，这也是其农业现代化水平高、农业国际竞争力强的重要原因。

农业机械化过程将产生内生增长的良性循环效应，是现代农业建设的重要内容。从一定意义上说，农业现代化是农村工业化过程，其中包含农业机械化过程。从各国推进农业机械化的内容和实现农业现代化的形式看，尽管各国选择了不同的发展模式和途径，但共同点都要解决农业机械化问题。可以说，农业机械化是农业现代化的重要内容。

由于农业机械化是对传统农业改造的技术进步过程，农业机械化投入是农业生产方式除旧布新或推陈出新的新陈代谢过程。根据现代经济增长理论，农业机械化投资会引起知识的积累，农业机械投入与知识积累形成一种有形投入与内生增长相结合的复合资本品，又将加快技术进步的进程，技术进步又可以提高农业机械化投资的效益,使农业经济系统出现增长的良性循环,从而推进现代农业建设和农业现代化进程,促进长期经济增长,提高竞争能力。

农业机械化为农业和国民经济发展提供支撑和保障,是现代农业的重要标志。马克思在《资本论》中提出,划分一个时代的生产力水平,不是看它生产什么,而是看它怎样生产,用什么样的工具进行生产。衡量农业现代化水平的主要指标是农业劳动生产率,而农业机械化是提高农业劳动生产率的主要手段。20世纪末,美国工程技术界把"农业机械化"评为20世纪对人类社会进步起巨大推动作用的20项工程技术之一,其列第7位。这一评价是基于100年来农业机械在农业生产中广泛应用所引发的农业生产方式的根本变革,大幅度提高了农业劳动生产率,有力地保障了世界农业发展和食物安全,客观地反映了农业机械化在人类社会发展中的巨大作用,在农业发展和农业现代化进程中的重要地位。因此,国际上通常把农业机械化水平和效益的高低作为农业现代化水平的主要标志。

农业机械化促进农业劳动力转移和农民收入提高,加快现代农业建设进程。农业机械化的过程,是农业生产要素中农业机械增多、农业劳动力减少的过程,也是农民收入提高,工农差距、城乡差距缩小,农工贸协调发展的过程。因此,农业机械化与农业劳动力向非农产业转移、农民收入和生活水平提高有密切关系。农业劳动力占全社会从业人员的比重、农民收入是衡量农业现代化程度、社会进步、产业结构和贫富状况的重要指标。已经实现农业机械化、现代化的发达国家,农业劳动力占全社会从业人员的比重都小于8%,第一产业占GDP的比重在2%~5%之间,现代农业生产不仅能用很少的人力生产出保障社会需求的丰富多样的农产品,保障人民生活质量提高和食物安全,还可转移出很多的农业劳动力从事二、三产业的生产经营,创造出更多的社会财富,使世界经济更加繁荣,人民生活进一步改善。此时,农业劳动生产率、农民收入和生活水平都能达到甚至超过社会平均水平。农业和整体经济协调发展,社会需求和消费水平提高。农业机械化的发展,提高了农业生产力,使农业劳动力向二、三产业大量转移和由农村向城镇转移成为可能,产业结构、城乡结构调整优化,使资源配置更有效率,从而加快现代农业建设进程。党的十六大提出"统筹城乡经济社会发展,建设现代农业,发展农村经济,增加农民收入,是全面建设小康社会的重大任务"。现代农业是以农业机械化为物质技术基础的农业。农业机械化水平的高低,是国家农业工业化和现代化水平的重要标志。农业机械化作为农业生物高新技术研究成果得以有效实施和推广的关键载体,对于提高粮食综合生产能力,保障国家粮食安全,促进农业产业结构调整,加快农业劳动力的转移,逐步发展农业规模经营,发展农村经济,增加农民收入,加快现代农业建设进程,提高农产品市场竞争力都具有重要的作用。

发展农业机械化,是全面建设小康社会的有效途径。实现全面建设小康社会的难点、重点在农村。农业机械化能大大减少土地耕作的劳动力,改变9亿农民弄饭吃的局面,改善农民的生产生活条件,共享现代社会物质文明和精神文明的成果。同时,农业机械化有利于促进农业节本增效,拓宽农民增收的途径,缩小城乡、工农差距,不断提高广大农民的生活质量和水平。美国工程界评出的20世纪对人类社会生活影响最大的20项工程技术成就中,第7项就是农业机械化。其理由,一是20世纪世界人口从16亿增加到60亿,如果农业没有实现机械化,很难养活这么多人口;二是农业机械化使从事农业的人口比重急剧下降,使更多的人能够从事其他的工作,创造更多的社会财富,从而使世界更加繁荣。

发展农业机械化,是建设社会主义新农村的重要内容。农业机械在农业生产中的广泛运用,既有利于节本增效,又有利于扩大农民增收渠道,促进农民生活宽裕。农民经营联合收割机,一般 3 年就可收回投资，受益期在 5 年以上。2006 年，全国有 4 100万农民从事农机服务业，农机服务经营利润达 1 087 亿元，相当于每人可以从农机经营中获得 2 650 元的纯收入。此外，发展农业机械化，不仅可以提高秸秆等农业废弃物综合利用水平，使用农机参与乡村道路建设、河道疏浚等基础设施建设，有效地推动村容整洁，而且有利于推动农业产业化经营，带动农民素质和农业生产组织化程度的不断提高，促进乡风文明和管理民主。目前，很多农机大户已经成为致富奔小康和建设新农村的带头人。

发展农业机械化，是建设现代农业的迫切需要。农业机械化是现代农业的物质基础，是衡量现代农业发展程度的重要标志。深耕深松、化肥深施、节水灌溉、精量播种、设施农业、高效收获技术等新技术的推广应用，只有以农业机械为载体，通过机械的动力、精确度和速度才能达到。农业生产中的抢收抢种、抗旱排涝、大规模的病虫害防治等，更是需要依靠机械化作业。使用农机作业，可以大幅度提高农业生产效率和质量，并且节种、节水、节肥、节药、节省人工，降低生产成本，减少污染。水稻插秧机效率是人工插秧的 20 倍，每亩平均降低成本 30 元、增产 25 千克以上，且抗病虫害、抗倒伏性好。机械施肥、高性能植保机械喷药分别可节省 40% 的化肥、35% 的农药。干旱地区使用机械进行保护性耕作，平均增加土壤蓄水量 17%，提高粮食产量 14%。武汉如意集团使用高效鲜豆类收获机收获毛豆，效率为每小时 10 亩，相当于 40 个劳动力一天 12 小时工作的采摘量，每亩采摘成本 15 元，相当于人工成本的 1/10。新疆机械化采棉，一台采棉机相当于 300 个劳动力一天 12 小时工作的采摘量。发展经验表明，农业现代化的实现以农业机械化为前提，没有农业的机械化就没有农业的现代化。目前，我国农业基础依然薄弱、生产手段落后、农业生产力水平还比较低，迫切需要发展农业机械化，用现代物质条件装备农业，进一步增强农业综合生产能力和农业防灾抗灾能力。

发展农业机械化，是我国农村劳动力转移的必然结果。近年来，农村劳动力向二、三产业转移呈明显加快趋势。据农业部统计，2006 年全国有 2.1 亿农村劳动力外出务工，其中大多是有一定文化的青壮年，在农村从事农业生产越来越多的是妇女和中老年人，农业劳动力素质呈现结构性下降，部分农户因劳力外出，对农业生产的某些环节无力顾及，经营比较粗放，土地生产率、劳动生产率得不到有效提高。农村劳动力转移是经济社会发展的客观需要和必然趋势，将伴随我国现代化建设的全过程。目前，我国农村劳动力转移带来的变化不是表象的、局部的、暂时的，而是深刻的、全面的、长期的。随着留在农村的青壮劳动力减少，迫切需要用农业机械替代人力，缓解农业生产中劳动力的结构性、季节性、区域性短缺的突出矛盾，以巩固农业基础地位，保障国家粮食安全。

提高农业效益必须首先提高农机化水平。目前，我国已经加入世界贸易组织，与发达国家相比，我国农产品的竞争能力还比较低。要解决这个问题，就必须千方百计降低农业生产成本，提高农产品质量。农机化作为农业科技的载体，除了大幅度地提高劳动生产率外，在提高粮食单产和改善农作物品质方面均有非常有效的作用，如机械化收获、粮食产后烘干、粮食初加工等都是农业增效的有效途径。近几年，农民收入增加缓慢，而农机化能够开辟农民增收的新渠道。在全国农村形成的小麦跨区机收 5 年共为农民增加收入 100 多亿元，全国小麦机收水平达到70％以上。当然，我国农机化的总体水平还不高，今后农业机械化的重点，要从关键环节的机械化向全过程机械化发展，因地制宜，重点突破，通过农机化水平提高来推动我国高效农业的发展。

发展农机化必须确保农机安全。推进农业现代化，发展农业机械化，其最终目的都是为了提高农业综合生产能力，提高农民的生活质量。农机化发展必须遵循"安全第一"的方针。要抓好农机安全生产就要做好农机安全的监督管理工作。全国各级农机安全监理部门是执行国家安全生产法规，维护农机安全生产秩序的行政执法部门。目前，农业机械已进入农村千家万户，主要为农民个人所有和经营，具有量大、面广、分散的特点，农业机械作业不安全因素和安全隐患增多，加之部分农民机手素质不高，法制意识淡薄，安全意识差，农机事故屡见不鲜。因此，要充分发挥农机安全监理对农业和农业机械化的保驾护航作用，保障农业和农业机械化健康发展。

1.4　农业机械化科学发展的战略思想

在我国实现农业机械化的历史进程中，必须始终坚持用科学发展观为统领，坚定走中国特色的农业机械化发展道路。

一要始终坚持发展是第一要务，努力实现农业机械化又好又快发展。目前，我国农业机械化整体水平仍比较低，相当于日韩70年代末80年代初的水平，还不能适应建设现代农业的要求。今后一个时期，必须采取更加有效的措施、更大的支持力度，推动农机装备总量持续增加，结构进一步优化，农机作业水平不断提高，努力做到速度和质量、效益、安全发展的有机统一，实现农业机械化科学发展、和谐发展、安全发展，为发展现代农业打下坚实的基础。

二要始终坚持以人为本，充分发挥好广大农民群众发展农业机械化的积极性。农民群众是发展农业机械化的主体，是推动农业机械化发展的关键因素。要加强农业机械化技术推广和普及，让农民群众充分共享社会进步的成果，加强农机质量和安全监督，实现好、发展好、维护好广大农民的根本利益。

三要始终坚持全面、协调、可持续发展，切实提高农业机械化的发展质量。要围绕大农业，建设新农村，全面发展农业机械化。不仅要推进粮食生产的机械化，而且要推动经济作物、林果业、畜牧业、渔业、设施农业的机械化；不仅要推动耕种收环节的机械化，还要推动种子处理、灌溉、植保、烘干、贮藏、初加工等各个环节的机械化；不仅要提高产中机械化水平，还要提高产前、产后机械化水平；不仅要精心组织农业机械为农业生产服务，而且要充分发挥农机在改善农民生活条件、开展农村基础设施建设方面的作用。当前，一些作物由于生产环节劳动强度太大、人工成本过高，已经影响到农民种植的积极性。我国大中型拖拉机及配套农具、一机多用和高效复式作业的机械比例仍很低，适应特色农产品生产需求的新型农业机械比较缺乏。在保持较高农业机械化发展速度同时，我们要采取有效措施加强宏观调控，强化科研开发，逐步改善农机装备总量中"三多三少"（动力机械较多、配套农具少；小型机具较多、大中型机具少；低档次机具较多、高性能机具少）问题，促进各个作物、各个环节、各个区域的生产机械化协调发展。效益是推动农机化可持续发展的根本动力，要研制推广经济适用、节本增效的农业机械，满足农民对提高农机产品质量、作业效率、舒适性等各方面不断增长的需求，探索出符合农业生产实际的农机化技术路线，激发农民购置更新和经营使用农业机械作业的积极性。同时要按照节能减排的要求，对高能耗、高排放的老旧机具逐步淘汰和更新，鼓励发展节油、节水、节肥、节种、节药和资源综合利用的节约型农业机械，以及秸秆机械化综合利用、高效植保、保护性耕作等环保型机械化技术，促进农业可持续发展。

四要始终坚持统筹兼顾，形成协调一致共促农业机械化发展的局面。要统筹机耕道路、农机场库棚、农机化信息系统等基础设施建设，不断改善农机作业条件。要统筹农业机械化推广、鉴定、监理、培训、修理等体系建设，不断改善工作条件手段，提高公共服务能力。要统筹农机工业、科研、流通等支撑行业发展，统筹国内国际农业机械化技术资源，促进国内农业机械化技术进步和产品结构优化升级。

新阶段推动农业机械化科学发展，转变发展方式是当务之急。实现由数量增长型发展方式向质量效益型、创新驱动型发展方式转变，要处理好以下六个关系：

——提高农机装备水平，必须处理好量和质的关系，做到量质并举、结构合理，走资源高效利用、效益显著、可持续发展的路子；

——提高农机化水平，必须处理好主要粮油作物生产机械化和其他农产品生产机械化的关系，做到农林牧副渔业机械化的全面发展；

——提高农机科技创新能力，必须处理好产学研推、农机农艺的关系，提高协同创新能力和创新效率，加快攻破技术瓶颈，扭转高端新产品新技术受制于人的局面；

——提高区域共同发展水平，必须加大对欠发达地区农机化工作的扶持和引导，找准薄弱环节、重点突破，实行政策倾斜，推动与发达地区良性互动、资源共享，缩小发展差距；

——提高农机社会化服务能力，必须以市场为导向培育扶持农机合作社等农机服务组织发展，拓展服务领域，提高服务组织化程度，提升服务效益；

——确保农机安全发展，必须提升农机安全监督管理能力，完善监管机制，加强对农机产品质量监管、准入管理，以及安全使用培训教育和监督检查，让农民放心购置和正确使用质量可靠、防护到位的农业机械。

新的历史条件下，深入贯彻落实科学发展观，实现农业机械化科学发展，就要遵循农业机械化发展的一般规律，立足我国基本国情，走中国特色的农业机械化发展道路。实践证明，一个国家只有在经济的这个前提下，结合农业劳动力、土地资源、农业种植制度、自然经济条件等情况，辅以恰当的政策引导，探索出适合国情的良性发展机制，才能促进农业机械化持续快速健康地发展。我国农村人口多、地块小，农民收入低、自我积累能力很弱，这样的国情决定，每家每户买农机，既买不起也不经济。必须认识到，与其他已经实现农业机械化的国家不同，我国的农机不仅要作为替代人畜力作业的手段，而且要作为农民勤劳致富的工具；我国农民购买农机特别是价值较高的大中型机具不仅要为自家服务，更重要的是要开展社会化服务。所以我国农业机械化工作的重心应该是发展以跨区作业为代表的农机社会化服务，发展壮大各类农机服务组织，不断拓展农机服务领域，利用市场有效配置农机资源，促进农机的共同利用，提高农业机械利用率和效益，走"农民自主、政府扶持、市场引导、社会化服务、共同利用、提高效率"为主要特征的中国特色农业机械化发展道路。

1.5 农业机械化科学发展的战略措施

党中央国务院对发展农业机械化的支持力度越来越大、对农机化工作的要求越来越高。为贯彻落实党的十七届三中全会精神，加快建设现代农业，我们研究提出了今后一个时期农业机械化发展目标：推动农机装备总量稳步增长，装备结构不断优化，粮棉油糖等作物田间机械化水平大幅度提高，养殖业、林果业、渔业、设施农业及农产品初加工机械化协调推进，农机自主创新能力和制造水平显著提升，农机化服务体系不断完善，对农业持续稳定发展的服务能力进一步增强。到 2015 年，农机总动力达到 9 亿千瓦以上，主要农作物耕种收综合机械化水平超过 55%，农机自主创新能力不断提高，逐步形成一批拥有国际先进性能指标的农机产品、核心技术。到 2020 年，农机总动力达到 9.5 亿千瓦以上，主要农作物耕种收综合机械化水平超过 65%，建立完善的农机自主创新体系，能够自主制造农业生产所需要的各种关键农机产品，努力实现农业机械化发展由中级阶段向高级阶段的历史跨越。

在发展思路上，要坚定走中国特色农业机械化发展道路，以发展农机服务组织为主攻点，以提升薄弱环节机械化水平为突破点，以推广先进适用农机化装备和技术为着力点，落实完善政策，培育发展主体，加强管理指导，大力提高农机装备水平、作业水平、安全水平、科技水平和服务水平，促进农业机械化全面协调可持续发展。

要确保以上发展目标和发展思路实现，应采取以下对策措施：

1. 完善政策，创造环境 贯彻执行《农业机械化促进法》，推动法定扶持措施全面落实。一方面要用足、用好、用活当前的农机购置补贴等优惠政策，切实发挥补贴政策的宏观调控作用，引导农民购置先进适用、安全可靠、节能环保的农机具，真正解决农民买不起而农业生产又急需的机具购置问题。要积极协调，使农机作业服务税费减免、重点环节农机作业补贴等政策具体化，培育扩大农机需求市场，在促进农机社会化服务发展方面发挥应有作用。另一方面，要抓住当前农业机械化发展的良好机遇，积极争取得到各方面的支持，争取更多的信贷支持、政策性保险、科研、工业技术改造等优惠政策和项目，争取实施农机化推进工程，增加农村机耕道、机库棚等基础设施投入，完善农机检测、监管、推广、培训手段，力争在农机化公共服务能力建设、科技创新能力建设投入方面取得新突破。

2. 科技创新，振兴工业 大力提高农机科技创新能力，集中力量攻克困扰产业发展的工艺材料、基础部件、关键作业装置等技术瓶颈，增加技术储备，形成一批具有自主知识产权的核心技术成果，培养一批具有创新能力的人才和团队。适应农业规模化、精准化、设施化等要求，加快组织开发多功能、智能化、经济型农业装备设施，重点在田间作业、设施栽培、健康养殖、精深加工、储运保鲜等环节取得新进展，加快研制适合丘陵山区使用的轻便农业机械。进一步优化农机产业和产品结构。整合资源，形成布局合理、优势互补、协调发展的产业格局，提升大中型农机产品生产集中度，提高动力机械与配套农具、主机与配件开发生产标准化、系列化、通用化程度。加大农机企业技术改造力度，改善企业研发和生产条件，促进新技术、新工艺、新设备、新材料应用，推广柔性制造等先进生产方式，提升制造能力和质量水平。

3. 把握重点，全面发展　找准制约粮食作物和优势农产品发展的农机化环节，加快普及应用主要粮油作物播种收获等环节机械化技术，重点加快普及水稻育插秧、玉米机收技术，积极推广棉花、甘蔗、茶叶等经济作物生产机械化技术，促进农业生产节本增效。大力推广保护性耕作、旱作节水、精量播种、化肥深施、高效植保和农作物秸秆综合利用等节约环保型农机化技术，促进农业可持续发展。同时，要全面理解农业机械化的概念，协调推进种植业、畜牧业、林果业、渔业、设施农业及农产品加工业的机械化，拓展服务领域，实现农机化的全面发展。多形式、多渠道开展农机技术培训。依托阳光工程等农民培训工程、农技推广项目，充分利用农机企业、基层农机推广体系以及各类教育资源，开展技术技能培训和新技术普及，提高农民对新技术的认知程度和农业机械操作水平，全面提升农机从业人员素质，造就一批新型职业农民。

4. 培育主体，社会服务　推进农机服务市场化、专业化和产业化，培育农机作业、维修、销售服务市场。把积极培育新型农机服务组织作为建设农业社会化服务体系的主攻方向，把农机专业合作社作为推进农业机械化发展的重要组织形式。鼓励农业生产经营者通过机械、土地、资本、技术等生产要素联合，创办农机合作社、农机作业公司、农机协会等新型农机服务组织，提高农机作业组织化程度。在资金投入、税费减免、人员培训、信息服务等方面加大扶持力度，加强示范引导，积极培育建设，强化指导服务，推动农机专业合作社等农机服务组织数量大幅度增加，发展质量明显提升，服务领域进一步拓展，农机利用率和经营效益进一步提高。鼓励农机制造企业自建品牌营销网络，专业流通企业发展连锁经营和区域中心市场，方便农民选购农机，提供优质的维修和配件供应等售后服务。健全县、乡农机维修网点，做到中小型机具小修不出乡、大修不出县。

5. 强化监管，安全发展 完善农机质量标准体系，制（修）订农业机械安全技术强制性国家标准，保障农机产品质量、维修质量和作业质量。依法组织开展在用农业机械的质量调查，强化对财政补贴机具质量保障督导和质量跟踪调查，对生产、销售不符合安全技术标准，以及未获得必需的许可、认证的农业机械，依法追究生产者、销售者产品质量责任。健全农机质量投诉网络，督促企业履行质量承诺和售后服务承诺。严厉打击制售假冒伪劣农业机械产品的行为，规范农机作业服务、维修服务、中介服务、机具租赁服务、旧农机具交易市场。尽快制定农业机械更新报废制度。加强对农业机械安全法律、法规、标准和知识的宣传教育，结合农时季节，定期组织对在用的、涉及人身财产安全的农业机械安全状况进行实地的安全检验。加强基层农机安全监理执法队伍建设，提高安全监管能力，预防和减少农机事故发生。

6. 完善体系，创新机制 加强农机管理、鉴定、推广、监理、维修、教育、培训体系建设，改善工作条件手段，提升人员队伍素质，提高公共服务能力，切实发挥体系的支撑保障作用。创新农机化发展体制机制。加快建立健全以企业为主体、市场为导向、产学研推有机结合的农机科技创新体系，强化中央与地方科研团队的纵向协作，强化农机化科研院所、高等学校、骨干企业及其他部门相关科技力量的横向联系，充分发挥农机化科技的整体优势。建立健全农机与农艺专家协同攻关机制，制定科学合理的农艺标准和机械作业规范，将适宜机械化生产作为作物品种选育和农艺技术研究的重要考核指标，促进农机和农艺技术有机结合。推进农业机械化技术推广体系的改革和建设，逐步建立推广机构服务指导、农机服务组织、企业参与合作的新型农机推广机制。加快完善农业机械安全监督管理法规，健全农业机械安全生产责任制，形成农业机械化主管部门主抓、有关部门联动、社会广泛参与的农机使用安全监督管理机制。

绿洲农业生产特点与农业机械作业技术的配备

2.1 绿洲农业生产特点

2.1.1 绿洲

"绿洲（oasis）"又称为"沃洲"、"沃野"、"水草田"，我国新疆维吾尔族人称之为"博斯坦"。"oasis"源自希腊语，古希腊人用此称利比亚沙漠中特别肥沃的地方，即指荒漠中能"住"和能"喝"的地方，是指沙漠中具有水草的绿地。对于绿洲的定义，地理学家、历史学家、经济学家、生态学家纷纷赋予新的内涵。其共识是：①土是绿洲发生的基础；②水是绿洲形成和维系的基本条件；③繁茂的植被和生物频繁的活动，形成与周边环境明显不同的主体景观；④绿洲是干旱区以流域为单元的一种特殊的非地带性生态系统。我们将绿洲定义为："干旱荒漠中有稳定水源，植物繁茂、生物活跃，具有一定空间规模，且明显高出周边环境的高效生态地理景观区"。绿洲土壤肥沃、灌溉条件便利，往往是干旱地区农业发达的地方。它多呈带状分布在河流或井、泉附近，以及有冰雪融水灌溉的山麓地带。山地是水资源区，山区降水多，冰雪资源丰富，称之为干旱区中的"湿岛"。山区降水和冰雪融水除小部分转为裂隙水深入地下，大部分汇集成河流，山区河流流出山口以后，在山前形成了广大的洪积、冲积扇和冲积平原。洪积冲积扇上部因地表坡度大，物质多为砾石戈壁，渗漏大，难以生长植被。洪积冲积扇下部、扇形地带，地势平坦，地下水出漏，地表物质多为颗粒较细的肥沃土壤，由于水土光热资源组合好，适于植物生长，形成植被繁茂的绿色区域，这就是天然绿洲，又称绿洲的"内核"。在人类出现前，天然绿洲完全按自然规律进行演替。在绿洲与荒漠之间，存在着稀疏的荒漠灌木林和其他荒漠植物，宽狭不一的过渡带，对绿洲起着重要的屏障作用。人类出现后，最初是逐水草而居，从事狩猎、捕鱼、采集活动。人类为了生存和繁衍，将采集的植物种子进行种植，捕获的动物进行养殖，出现了最原始的农业。当人类逐水草而居后，引水灌溉，开发绿洲围绕内核呈圈层向外扩展，绿洲的原始面貌发生很大变化。当人类活动在绿洲中起主导作用时，绿洲就演化成了自然、社会、经济和生态的复合系统，称之为"现代绿洲"。

绿洲作为干旱区人类文明的载体，伴随着干旱区人类社会的进步与发展，其结构和功能也经历了从简单到复杂、由封闭到开放、由低级到高级的演进，从而形成极其复杂的现代绿洲系统。绿洲是特定地域上自然、人文、经济诸要素相互制约、相互联系组合成的复合体，不但具有一般区域所拥有的综合性、区域性、层次性与随机性等特征，而且具有自己的特色。

水源的分布决定着绿洲的分布。我国绿洲主要有：

新疆北部绿洲。新疆北部绿洲以天山北麓和伊犁谷地分布最集中，面积最大，从乌鲁木齐到奎屯，形成几乎连成一条的长达数百公里的绿洲带。

新疆南部绿洲。南部绿洲开发历史悠久，范围大致是塔里木盆地、吐鲁番—哈密盆地和焉耆盆地。在塔里木盆地，绿洲空间分布具有环状特征，但主要集中于盆地北缘及南缘西段。

河西走廊绿洲。河西走廊东西分别以大黄山、黑山为界，将走廊分成三个互不相连的内陆河流域——石羊河流域、黑河流域、疏勒河流域，沿河发育着一系列绿洲。

河套平原绿洲。河套平原是夹持在贺兰山、阴山与鄂尔多斯平原之间的断陷冲积平原，西南起自宁夏回族自治区中卫县的沙坡头，东北到内蒙古自治区的包头附近。黄河纵贯整个平原，水量丰富，水质良好，提供了大量优质的灌溉水源，又有肥沃的泥沙，可以淤地改土，本区发育着银川平原绿洲和后套平原绿洲两块绿洲。

柴达木盆地绿洲。柴达木盆地是青藏高原北部边缘的一个巨大山间盆地，海拔较高，主要绿洲有格尔木、德令哈、乌图美仁、都兰、乌兰、香日德和诺木洪等，冷湖、茫崖、大柴旦等是盆地中的工业绿洲。

2.1.2　绿洲农业生产特点

1. 规模大　绿洲多为河流冲积而成的冲积扇绿洲平原或是河流流域开发形成的平原，多为土地平坦，耕地条田规整、单块面积大，多在300～1 000亩，我国的平原面积仅占国土面积的11.98%，这使得绿洲作为平原的意义更为重要；绿洲农业人少地多，人均种植规模大，以新疆为例，新疆属于典型的绿洲，据不完全统计，新疆有大小绿洲8 000多片，"岛屿"式地分布在天山南北干旱荒漠中，2010年新疆农业人口人均耕地面积达到4.76亩，是全国农业人口人均耕地面积的2.09倍。绿洲地区人少地多，单单依靠人力和畜力，劳动强度必然很大，而农机是对人力和畜力的替代。因此，发展农业机械化是减小绿洲农民劳动强度、提高劳动生产率的必然趋势，同时也是实现绿洲农业现代化的必然要求。

2. 作物多样　绿洲特殊的光热水土资源与气候资源相结合，适合多种农作物种植。近些年来，绿洲地区积极调整农业结构，大力发展特色农业，甘肃的马铃薯、紫花苜蓿，宁夏的枸杞，陕西的苹果，新疆的棉花、番茄、啤酒花，无论从质量还是种植规模来看，在全国都属于领先地位。特色农业的迅速发展，使得绿洲的农业结构明显不同于全国情况。以粮食和经济作物的播种比例为例，2010年，新疆粮食与经济作物的播种面积比例为1：

1.35，而全国粮食与经济作物的播种面积比例为 1：0.46，新疆经济作物的播种面积比例明显高于全国。

3. 耕作环境恶劣　绿洲多分布在干旱荒漠地带，土地贫瘠且土壤多含有沙砾，有机质含量低、板结严重。另外，近年来盲目追求高产的"化肥农业"造成土壤有机质含量的进一步下降，加剧了绿洲土地板结和"三化"，据调查，新疆中低产田中占近 60%，新疆中低产田中由土壤盐渍化造成的占 27.3%，土壤板结土层较薄的占 16%。随着高原地区人口增长、资源开发规模失控和利用方式不当等，青海地区土地沙漠化、天然草场退化、水土流失、土壤次生盐渍化等生态环境恶化趋势愈加明显。

4. 资本投入缺乏　绿洲农业生产缺乏资本的投入。农业资本的积累主要从两种途径来完成。一是农业内部。农业内部的资本积累则主要取决于决定土地生产率高低的机械化、生物化、知识化、化学化、电力化、水利化等技术创新，这种农业内部的资本积累是与农业技术进步、个人专业化程度提高、迂回生产程度增强和中间产品种类数增加紧密相连的。二是农业外部。即非农产业中的资本积累会产生投资扩展效应和就业引致效应，从而推动农业剩余劳动力不断流向非农产业，并为传统农业改造提供设备、设施和工具意义上的支持，这种农业外部的资本积累是与非农产业扩大再生产、非农产业就业岗位扩展、农村剩余劳动力非农化流转加速紧密相关的。而绿洲农业资本积累的现实是，工业化、城镇化水平相对还较低，工业不具备反哺农业的实力，农业资本融资比较困难，农业劳动力向二三次产业转移不顺畅；农业生产资料的价格不断攀升且采用新技术存在一定的风险，农民自身的劳动素质较低，导致依靠农业内部积累无法实现。

5. 人力资本不足　著名经济学家舒尔茨认为，改造传统农业重要的是要引进具有现代科学知识、能运用新生产要素的人，而且"各种历史资料都表明,农民的技能和知识水平与其耕作的生产率之间存在着密切的正相关关系"[①]。绿洲农民的科学文化素质低下,导致各类农业技术信息传递困难、农业科技推广工作难以开展。由于文化素质较差,难以接受和掌握现代科技知识,致使劳动技能水平较低,长期不能得到提高,农业生产因循守旧,长期停留在传统的低水平的耕作上。农民的文化素质低使农户缺乏必要的自我发展条件,缺乏对环境的适应能力和竞争能力,农业生产成本高,经济效益低。而且绿洲多是民族聚居区,以新疆为例,受传统生育观的束缚和少数民族计划生育政策的影响以及新疆人口年龄结构特点,目前人口发展仍处在高峰期,绿洲面积看人口密度并不亚于内地湿润和半湿润地区,甚至超过内地某些地区。

6. 观念落后 绿洲地处内陆偏远地区多被沙漠阻隔,地理环境相对封闭,经过几千年的发展演变,逐渐形成了绿洲独特的地域民族文化与社会经济形态,不少地区的农业生产活动仍处于传统的自然经济生产状态,主要以满足自身消费需求为目的,很少与外界发生经济往来。与封闭的自然环境伴随而生的是封闭落后的思想观念,这些陈旧、保守的传统文化观念和思想意识制约了当地农民生理、心理素质与文化素质的提高,使其安于现状、墨守成规,缺乏发展的内在动力。依赖思想严重,"等、靠、要"的依赖思想严重,自力更生、自我发展的意识低。市场意识薄弱。安全求稳意识浓厚,市场意识、风险意识、竞争意识、效益意识不强,不敢迎接市场经济的挑战。封闭式的排他观念。绿洲封闭的自然环境以及长期以农为主的生产方式,形成了当地居民的相对封闭的生活方式,农民自身所固有的小农经济意识根深蒂固,惧怕风险,缺乏科学观念,开拓进取精神和竞争观念不足,这使得绿洲农民安于现状、固步自封、墨守成规,对新的农业技

---

① 舒尔茨. 2010. 改造传统农业 [M]. 北京: 商务印书馆: 155.

术推广与运用本能地存在着一定的排斥心理，甘愿固守祖辈相传下来的传统落后的生产方式，也不愿采用先进的农业生产方式提高生产效率。

2.2 绿洲农业机械的配备

2.2.1 农业机械的配备的原则

1. 地区适应性原则 农机配备是种植业机器作业系统中很关键且非常复杂的一个课题。当前的突出问题是，有的地区单位面积配备量已超过世界上配备量最多的德国和日本，但机械化程度却不高；还有相当多的地区机械配备量不足，难以保证适时作业。我国人多地少，土地生产率尤为重要，多数地区的种植业复种指数高，农田作业时间紧迫而又交叉，加之全国各地自然条件、经济条件、技术条件不同，农业机械化的发展呈现出明显的差异性和层次性。北方平原地区多，适合大中型农业机械作业，对于粮食作物推进全程机械化可能性大；南方丘陵地区多，适合小型农业机械作业，应根据种植作物不同有选择的配备农业机械。在全年农业有效期生产内，由于各个季节气候变化不同，又决定了各种农业机械可能作业的天数不同，全年可能作业天数的多少反映了各种农业机械对当地的适应性；土地状况和土壤性质对农机作业效率影响很大，各种农业机械可能从事作业项目的多少和效率，也反映了各种农业机械对当地的适应性。因此，农机配备应按照区域发展条件分类指导，实行分区决策、分类实施、重点突破、逐步推进的区域发展战略，以达到不同区域实现不同的农业机械化程度的目标。

2. 经济性原则 经济性是农业机械配备的中心内容，经济效果最佳是农业机械配备的基本目的，也是衡量农业机械配备的主要标准。在目前的条件下，经济性就是要达到降低消耗、节约劳力、促进农业增产、增收和增效的要求，满足整个社会对农副产品不断增长的需要。坚持经济性原则，就是要选用年运转费用最低的机械，以求用最小的投入，获得最大的经济效果。年运转费用包括固定费用与可变费用两部分，固定费用包括与购价相关的折旧费和管理费；可变费用包括人工、燃料及材料等费用。有的机械购置投资大，但使用中物质等消耗较少，有的机械购置时投资虽少，但使用中物质等消耗较大，这就要根据年工作量的大小，计算单位作业运转费用的多少来衡量决定。

3. 技术先进性　各种机械的适用性、可靠性、通用性等方面的技术指标不一样，这样就有一个择优的问题，而技术上的先进性和适用性又是选择农业机械配备的重要原则之一。这里必须要特别说明的是，最优的先进技术是有条件的，是指在一定时间、一定自然与社会经济条件下的最优。离开了条件片面地追求技术上最先进的机械是没有意义的。所以，最优的先进技术是指某时某地经过多点试验成功的或适用的先进技术。因地制宜地选择最优的、先进适用的农业机械配备，是扬长避短、充分发挥各地资源的重要措施。

4. 生产可行性　生产可行性是农业机械配备择优的前提条件，所谓生产可行性最优就是指在各种农业机械配备中，实施程序最简单，实施条件最易行，在现实条件下最容易达到预定目标的机械配备。农业生产在很大程度上依赖于自然条件。无论是全国或者一个地区，自然条件都制约着农业，也制约着农业机械配备的实施和农业机械投放的重点，并且影响着农业机械化的内容和先后缓急。因而，农业机械配备适应自然条件，有效地解决自然条件和农业生产之间的矛盾，这是农业机械配备可行性最优的重要标志之一。例如，我国很多地方都把排灌机械置于各项农业机械配备之先，从而调节了自然条件与农业生产的矛盾，取得了极为显著的成绩。当时当地的物质技术条件对农业机械配备的适应程度，是评价生产可行性的又一主要标志。物质技术条件是实现农业机械化的物质基础，脱离了物质技术条件，不可能实现农业机械化。

5. 动态性原则　农机配备不是静止的，而是随着时间、地点、条件的变化而变化。因此，我们不能在静止的状态下研究农机配备问题，必须结合动态的观点和方法来研究。由于农业机械配备受多种环境因素的影响，因而所谓动态分析不仅是指农业机械系统内部结构和功能的动态研究，而且往往更多的是需要对各种环境变化的动态研究，一般而言，农机配备将随着农业结构、当地工业化发展、农业劳动力转移等的变化而发生变化。以新疆棉花收获为例，随着近几年棉花采摘用工成本的提高，其他条件不变，棉花收获机械的需求将增加。

6. 作业安全原则和操作舒适原则[①]　选择合适的农业机械，在保证作业质量和生产速度的同时，应充分考虑农业机械的安全可靠性，如行驶稳定、安全保护装置等；此外，在保证操作人员、设备安全的同时，应注意保护自然环境和生态环境，不致因所采用机械作业而受到严重破坏；与此同时还要兼顾技术维护的方便性和操作的舒适性，如操作人员在呼吸区内空气的含尘量，废气含量及振动、噪声等。

2.2.2　绿洲农业机械配备的方向

农业机械配备是按一定方式组织的，为完成一定的农业生产工序所要求的人员、机械、作业对象和作业环境的"人—机—对象—环境"的生产系统。它们相互联系、相互制约，其中人员和机械是主观的，作业对象和环境是客观存在的。绿洲地势平坦，人少地多，适合大中型机械，大中型机械效率高，能更好提高劳动生产率；绿洲农机耕作环境恶劣，要求农机的质量好、性能高、耐磨损，同时农机配备还应注意对当地生态环境的影响；绿

---

① 刘守祥.2008.浅谈农业机械的选择和配备的原则 [J]. 现代农业装备（10）.

洲农作物种类多，尤其是特色农业发展迅速，在绿洲农机配备的过程中一定要强调农机与农艺相结合，提高农机的工作效率；农机的配备不是一蹴而就的，是一个对人力的逐步替代，绿洲社会经济发展水平还较低，农机投资缺乏资本支持，因此，农机配备要分阶段、逐步实现；绿洲农民科技文化素质较低，观念落后，在农机配备的过程中要选用操作简单、实用的机械，同时加强宣传、培训和监督，确保农机工作安全。

绿洲现代农业生产机械化技术体系

3.1 小麦生产机械化技术体系

3.1.1 常规小麦生产机械化技术体系

3.1.1.1 种子及种子处理

1. 品种选择 根据市场要求，选择适应当地生态条件，经审定推广的优质、高产、抗逆性强、抗病性强的优质品种。品种熟期应选 7 月中、下旬正常成熟的品种，以防止芽麦。优质品种品质指标为蛋白质含量 15％以上，湿面筋 35％以上，沉降值 45 毫升以上，稳定时间 7s 以上。

2. 种子清选 播前要进行种子清选，质量要达到种子分级标准二级以上。纯度不低于 99.5％，净度不低于 98％，发芽率不低于 90％（出苗率不低于 85％），种子含水量不高于 14％。

3. 种子处理

（1）种衣剂包衣。在小麦病害严重的地区，要进行种子包衣。超微粉体种衣剂包衣，可有效地预防小麦腥、散黑穗病和根腐病等，促进种子萌发、幼苗生长和根系发育，提高植株抗逆力。超微粉体种衣剂使用量与种子的重量比为 1∶600，使用量小，可减少污染。

（2）药剂拌种。用种子量 0.2％的 40％拌种双拌种，防治小麦腥、散黑穗病；或用种子量 0.3％的 50％福美双拌种，防治小麦腥黑穗病，兼防根腐病。

3.1.1.2 选茬、耕整地

1. 选茬 在合理轮作的基础上,最好选用大豆茬,避免甜菜茬。提倡连片种植,提高机械作业效率。

2. 耕整地 要坚持伏、秋整地。要求整平耙细,达到待播状态。前茬全部深松 25～30 厘米后耙茬作业,耙深 12～15 厘米。采取对角线法、不漏耙、不拖耙,耙后地表平整,高低差不大于 3 厘米。除土壤含水量过大的地块外,耙后应及时镇压,以防跑墒。耕整地作业后,要达到上虚下实,地块平整,地表无大土块,耕层无暗坷垃,每平方米 2～3 厘米直径的土块不得超过 1～2 块。3 年深翻一次,提倡根茬还田。

3.1.1.3 施肥

1. 有机肥 每公顷施 22.5 吨农家肥(有机质含量大于 8%)或等效生物有机肥。

2. 化肥 提倡测土配方施肥,每公顷施肥量,纯氮 75 千克,五氧化二磷 90 千克,氧化钾 37.5 千克;东部地区施纯氮 90 千克,五氧化二磷 90 千克,氧化钾 67.5 千克;西部地区施纯氮 75 千克,五氧化二磷 90 千克,氧化钾 37.5 千克,缺硼地区和地块,每亩做种肥施用硼肥 2～3 千克。

提倡底肥、种肥分施。未施底肥的地块,应种、肥分箱施入,以防烧苗。

3.1.1.4 播种

新疆春小麦应在土壤化冻达到 5～6 厘米深时,及时进行播种。采用 15 厘米单条或 30 厘米双条播,边播种边镇压,镇压后的播深为 3～4 厘米,误差不大于 ±1 厘米。

1. 密度 要根据品种特性、土壤肥力和施肥水平等确定。提倡精量或半精量播种。播种密度一般每公顷以 400 万～600 万株为宜。

2. 播量及播量计算 按每公顷保苗株数、种子千粒重、发芽率、净度和田间保苗率(一般为 90%)计算播量。其公式如下：

每公顷播量 ＝每公顷保苗株数×千粒重（克）/

（千克/公顷）（10^6×发芽率×净度×田间保苗率）

播量确定后应进行播量试验和播种机单口流量调整。正式播种前还应进行田间播量矫正。

3. 播种质量 秋整地的地块，应早春耢地，耢平后播种。播种和镇压要连续作业。春季耙茬地块，应做到耙地、播种和镇压连续作业。播种过程中应经常检查播量，总播量误差不超过±2厘米。做到不重播、不漏播、深浅一致，覆土严密，地头整齐。

3.1.1.5 田间管理

1. 压青苗 小麦3叶期压青苗，根据土壤墒情和苗情用镇压器镇压1～2次。采用顺垄压法，禁止高速作业。

2. 化学除草 为了防除阔叶杂草，在3叶期每公顷用72%4-D丁酯乳油900毫升或用75%巨星干悬浮剂13.3～26.6克，选晴天、无风、无露水时均匀喷施。防除单子叶杂草野燕麦、稗草可用6.9%骠马浓乳剂每公顷75毫升，或10%骠嘧乳油每公顷525毫升，或65%野燕枯每公顷1.5千克，兑水喷施。

3. 防治病虫 小麦田每平方米有黏虫30头时，在幼虫3～4龄期，喷施菊酯类杀虫剂，每公顷300～450毫升兑水喷施。防治赤霉病等病害时，每公顷用50%多菌灵或50%多福合剂1.2～2.25千克，兑水喷施。在每百穗有800头蚜虫时，用50%抗蚜威可湿性粉剂每公顷30～40克，兑水30～60千克喷雾处理。

4. 追肥 为了提高粒重和改善品质，抽穗期和扬花前，每公顷用磷酸二氢钾2.25千克，加5千克尿素，加2千克50%多福剂，兑水喷施。若生产富硒面粉，每公顷可用1.5千克硒肥，兑水100千克喷施。为了节省作业成本，也可将农业药与磷酸二氢钾、硒肥混合后兑水喷施。

5. 生育期灌水 有灌水条件的地方，如遇春旱，于小麦3

叶期至分蘖期灌水一次。每亩从总肥量中拿出 0.5 千克尿素随水灌施。

3.1.1.6 收获

1. 收获时期 联合收割机收获在小麦完熟初期进行。避免过晚收获。

2. 收割质量 联合收割机收获损失率不得超过 2%，破碎粒率不超过 2%，清洁率大于 97.5%。分品种单收单贮，以适应优质优价的需要。

3.1.2 滴灌小麦生产机械化技术体系

3.1.2.1 种子准备

1. 选种 选用高产、优质抗病性强的中矮秆品种，株高在 80~100 厘米，新春 11 号、新春 17 号、新春 27 号等。示范推广新春 29 号。

2. 种子处理 种子要求经过精选处理，并进行药剂拌种，用种子量 0.3% 的三唑本酮或拌种双或多菌灵可湿性粉剂拌种，可防除小麦散、腥黑穗病。防治全蚀病，使用全蚀净有一定效果。

3.1.2.2 土地和肥料准备

1. 选地及土壤地力 要求土壤肥力较高，有机质含量 15 克/千克以上，含盐量在 3 克/千克以下，碱解氮 60 毫克/千克以上，速效磷 12 毫克/千克以上，中上肥力的土壤上种植。前茬以绿肥、油菜茬等为好。

2. 施肥量 根据测土配方施肥指导卡，每亩施优质农家肥 1~2 吨，三料磷肥（或用二铵或一铵）15~18 千克/亩，尿素 20~25 千克/亩，禾丰锌 300~500 克/亩和禾丰硼 200~300 克/亩。在犁地前将 70% 以上的磷钾肥和 50% 氮肥做底肥施用。均匀撒施在地里，立即进行翻耕。

3. 犁地、整地 在秋季农作物收获后进行秋翻。将农家肥与化肥均匀混合后，撒于地面深翻入土，耕深 28 厘米左右。冬前整成待播状态。春季机械能进地时，用旋耕机或联合整地机疏松土壤，进行整地。整地质量达到齐、平、松、碎、净、墒六字标准。

3.1.2.3 播种

1. 播种春小麦播种期越早越好，春季当机械能进地时就可播种。正常年份春麦播种，风线区域 3 月下旬、平原区域 3 月下旬至 4 月上旬、沿山区域 4 月上旬至 4 月中旬。

2. 播种量及播深，适期早播的播量 22 千克/亩，迟播的 25 千克/亩。春小麦播种深度 3～4 厘米。

3. 播种机具选用 24 行大型播种机械，或用小型播种机。

4. 播种方式：滴灌春小麦无需打埂做畦。行距要求：播种时可直接铺设滴灌带，每六行铺设一条滴灌带成为一组，每组中的每三行的行距 10 厘米，铺滴灌带的行距 15 厘米，组与组之间的行距不超过 30 厘米，为 4 组 6 行，以利滴水时兼顾边行。也可在小麦出苗后，幼苗 2 叶一心时铺设滴灌带，播种时按照滴灌带铺设要求进行播种。

5. 播种质量：要求播行端直，播深一致，覆土良好，镇压确实，接行准确，行距稳定，提放整齐，下籽均匀，无浮子，保证苗齐、苗匀、苗全、苗壮。

6. 种肥用磷酸二铵 3～5 千克/亩作种肥。肥种分箱分施。

3.1.2.4 田间管理

1. 苗期田管 由于春小麦生育期短，在田管上提倡一个"早"字。因此，在水肥管理上，施肥以基肥为主，生育期间根据苗情适当追一些尿素。

2. 铺设滴灌带 对播种时未铺设滴灌带的田块，在春小麦 2 叶 1 心时进行田间铺设，铺设时注意不要将滴灌带划破。同时，在一定距离进行少量压土，防止风将滴灌带刮走。

3. 滴水滴肥 滴灌带铺设好后，及早进行滴水，一般头水在二叶一心至三叶时滴（即播后 20～25 天），一般滴水间隔时间 7～10 天。滴水量在 40 米³/亩左右。滴灌小麦施肥，一般是在施足底肥的基础上，在生长期随水滴肥，第一、二次随水每次滴尿素 5～6 千克/亩，第三次随水滴尿素 3～4 千克/亩。

4. 化学除草　在春小麦拔节前，双子叶杂草出苗后，可用 20% 二甲四氯水剂 150～200 毫升/亩或用 72% 的 24 - D 丁酯乳油 40～50 毫升/亩，兑水 40 千克/亩，选择无风晴朗天气进行防治，喷药时应防止对邻近作物产生药害。在气候冷凉的条件下，除草剂按说明书的最低量使用，以防产生药害。单子叶杂草（野燕麦）出土后三叶前用精恶唑禾草灵水乳剂 50～60 毫升/亩，兑水 40 千克/亩进行防治。野燕麦和双子叶杂草混合发生的麦田，上述药剂可混合使用。注意喷施除草剂后药械要清洗干净。

5. 防治病虫害　春小麦苗期病害较少，近年发现部分地块有苗期根腐病。发现后可用三唑酮进行滴施。

6. 穗期管理　穗期管理是小麦拔节后到扬花结束，是决定穗粒数的关键期。此期田管措施主要是滴水、孕穗期滴肥和防治病虫害。

滴水：春小麦进入孕穗期—抽穗扬花期主要是滴水，一般情况下此期应灌 3～4 次水，每次灌水量在 35～40 米³/亩，保持土壤湿润。

滴肥：根据田间苗情在孕穗期，随水滴施尿素 3 千克/亩，防止后期脱肥。

防治病虫害：春小麦穗期病害主要有锈病、细菌性条斑病、白粉病等，虫害有麦蚜、皮蓟马等，应加强田间检查力度，采取预防为主，综合防治的方针。锈病：在条锈病发病初期可用三唑酮进行叶面喷施，在叶锈病发病初期可用三唑酮或氰菌唑喷施。细菌性条斑病：可用农用链霉素进行叶面喷雾。

7. 灌浆期田管　春小麦扬花结束后到成熟期，是决定粒重的关键时期，加强灌浆期田管可提高小麦粒重。此期主要是灌水叶面追肥。滴水：一般情况下在灌浆期田间灌水 3～4 次，灌浆前期滴水量 35～40 米³/亩。灌浆后期灌水量酌情减少，以田间保持湿润，小麦正常黄熟为标准。叶面施肥：春小麦成熟期较冬小麦晚，防治干热风更为重要。为此可在小麦挑旗—灌浆期结合病虫防治可叶面喷施磷酸二氢钾 150～200 克/亩，可提高小麦灌浆速度，减轻干热风的危害。

3.1.2.5 收获

参照上面常规小麦的收获方式。

3.2 棉花生产机械化技术体系

3.2.1 地膜手摘棉花生产机械化技术体系

为贯彻"早、密、矮、膜、匀"棉花高产栽培技术，抓好播前准备、一播全苗、田间管理和收获四个关键生产环节，达到棉花四月苗、五月蕾、六月花、七月桃、八月絮的田间动态指标，实现高产、优质、高效的目标。

3.2.1.1 品种选择及种子质量

1. 品种选择布局 在品种选择上既要考虑早熟性、抗逆抗病抗虫性，又要注重衣分和纤维长度等内在品质要求。

（1）早熟棉品种。新陆早 33 号、新陆早 26 号、新陆早 36 号、新陆早 42 号。

（2）机采棉。新陆早 33、新陆早 26 号。

2. 种子质量及处理

（1）种子质量要求。棉种纯度达到 97% 以上，经过硫酸脱绒精选后的棉种净度在 95% 以上，加工后的棉种发芽率 85% 以上，健籽率 80% 以上，含水率 12% 以下，破碎率 5% 以下。

（2）种子处理。播前每 100 千克种子使用 60% 的 911 乳油和 0.8～1 千克加种衣剂福多甲，按种子量 50∶1 拌种包衣，处理后晾晒 3～5 天使用。

3.2.1.2　主要栽培技术

1. 播前准备

（1）土地准备。秋收后清理残膜，及时秋耕冬灌或茬灌秋耕，茬灌亩灌水量 60 米^3 左右，冬灌亩灌量 80～100 米^3，做到灌水均匀，不重不漏。

（2）全层施肥。翻地前亩深施尿素 10 千克、三料磷 12 千克，为保证施肥质量必须做到施肥插线，不重不漏，耕翻深度27～30 厘米，犁后土地平整。

（3）整地。早春解冻后拾净残膜、秸秆、杂草，整修地头地边，化除后及时耙地，耙深 3.5～4 厘米。耙后土地平整、细碎、无杂草（早春耙地后，必须反复搂捡田中残膜 2～3 遍，减轻残膜对土地污染）。

（4）化除。亩用 100～120 克氟乐灵或 150 克施田补进行土壤处理，程序是插线—打药—对角耙—直耙后收地边一圈—待播。氟乐灵应在傍晚后使用，以防光解。

2. 株行配置

（1）采用宽膜（2 米膜宽）机采棉配置。二膜十二行"66＋10"膜上精量点播，平均行距 38 厘米，亩单行长 1 754 米，采用 16 穴的点种器，株距 9 厘米，理论株数 19 490 株，一膜两管。

（2）宽膜（2.05 米膜宽）非机采配置。二膜十二行"18＋50＋18＋50＋18"配置方式，接行 76 厘米，平均行距 38.3 厘米，亩单行长 1 740 米，采用 16 穴的点种器，株距 9 厘米，理论株数 19 330 株，一膜两管。

（3）两膜十六行（2.05 米膜宽）。机具配置方式为 10 厘米＋35 厘米＋10 厘米＋50 厘米＋10 厘米＋35 厘米＋10 厘米，接行70 厘米，平均行距 28.75 厘米，亩行长为 2 318 米，采用 15 穴的点种器，株距为 9.5 厘米，理论株数 24 400 株。一膜两管，滴灌带在 35 厘米行中间布置。

3. 播种

(1) 适时播种。当膜下 5 厘米地温稳定通过 12 ℃时即可播种，正常年份在 4 月初进行试播，4 月 10 日大量播种，4 月 20 日前结束播种。

(2) 播量及播深。每穴两粒点播。播深 1.5～2 厘米，种行膜面覆土厚度 1～1.5 厘米。

(3) 播种质量要求。播行端直，膜面平展，压膜严实，覆土适宜，错位率不超过 3％，空穴率不超过 2％。

4. 田间管理

(1) 补种。播种时出现的断垄地段插上标记，播后及时补种，并在播后及时补齐地头地边，力争满块满苗。

(2) 补水。表墒不足的及时补水，保证出苗率不低于 90％。

(3) 破除板结。下雨后及时破除板结，以利于棉苗出土。

(4) 早中耕。根据当年气候情况，播种后即开始中耕，中耕做到"宽、深、松、碎、平、严"，要求中耕不拉沟、不拉膜、不埋苗，土壤平整、松碎，镇压严实。中耕深度 12～14 厘米，耕宽不低于 22 厘米。

(5) 早定苗。一片真叶定完苗，要求一穴一株，不留双株。

(6) 株高控制高度（打顶后）。二膜十二行配置下的棉花打顶后植株自然高度 60～65 厘米，机采棉 70～75 厘米，两膜十六行配置棉花株高 55～60 厘米。果枝始节高度小于 18 厘米（机采棉始节高度 20 厘米）。

(7) 化调。

第一次化调：棉苗出齐现行后进行，机采棉和两膜十二行播种方式的棉田亩用缩节胺 1～1.2 克，两膜十六行播种方式的棉田亩用缩节胺 1.5～2 克。其目的一是控制果枝始节以下棉株自然高度，二是促进根系发育，三是提高叶片光合强度和能力。

第二次化调：两片真叶时进行，机采棉和两膜十二行播种方式的棉田亩用缩节胺 1～1.2 克，两膜十六行播种方式的棉田亩用缩节胺 2～2.5 克。其目的是控制棉株节间长度和促进花芽分化。

第三次化调：根据品种、田间长势等具体情况而定，时间在头水前进行，亩用缩节胺 2～3 克，主要是防止因早灌水棉田及生长势较强品种头水后出现旺长。

第四次化调：在打顶后 8～10 天进行（待顶部果枝伸长 6～7 厘米时进行化调），亩用缩节胺 6～8 克。对于长势偏旺的棉田打顶后要进行两次化控，第二次在第一次化控后 10 天进行，亩用缩节胺 6～8 克。防止上部果枝过度伸长造成中部郁蔽，控制无效花蕾和赘芽生长，忌用一次性大剂量缩节胺化控。

（8）水肥运筹。施肥指标：亩施标肥量 150～160 千克，N：P_2O_5＝1：0.36～0.38。具体实施方案见表 3-1。

表 3-1　各种肥料不同时期使用比例分配

肥料品种	施肥比例
氮肥	20％做基肥，80％在生育期随水滴施（追施）
磷肥	75％～80％做基肥，20％～25％在生育期随水滴施（追施）
钾肥	全部滴施（追施）
微肥	结合化调进行叶面喷施禾丰硼 2 次（盛蕾期用量 30～50 克，花铃期用量 50 克）；禾丰锌 2 次（3 片真叶期和盛蕾期各一次，每次 10 毫升）

按目标产量 400 千克施肥，全生育期施 N、P 总标肥量 160 千克，其中：全层施肥亩施标 N 22 千克，标 P 31 千克（折尿素 10 千克，三料 12 千克）；生长期滴水 8～10 次，亩总滴水量为 230～280 米³，随水亩追施 N、P 标肥量为 107 千克，其中尿素 38～41 千克，60％含量磷酸二氢钾铵（N、P_2O_5、K_2O 含量分别为 6％、12％、42％）11～13 千克。具体的滴水量及滴肥量如下：

6 月份：滴水 1～2 次，正常年份第一次滴水在 6 月 15 日左右，滴水量 35 米^3/亩；以后每次滴水量 20～25 米^3。

7月初至8月初：滴水 4～5 次，每次滴水量 20～25 米^3/亩，共滴施尿素 30～32 千克/亩，60%含量的磷酸二氢钾铵 11～13 千克/亩。

8月5日至9月5日：滴水 3 次，每次滴水量 20 米^3/亩，共滴施尿素 7～9 千克/亩（此期滴水量和供肥量应呈每次递减趋势，前多后少，但仍坚持一水一肥原则）。

（9）打顶。坚持"枝到不等时"，适期早打顶。晚熟品种、机采棉6月25日开始打顶，7月5日前结束。早熟类型品种7月10日前结束打顶。打顶后单株保留果枝台数 6～7 台，棉株自然高度控制在 60～65 厘米，机采棉打顶后棉株自然高度 70～75 厘米。

（10）病虫害防治。做好调查，抓早治，利用天敌，综合防治，严格指标，选择用药，不随意普治。

（11）棉铃虫防治。强化以综合防治为主。①秋耕冬灌，②铲耕除蛹，③杨枝把、频振灯诱蛾，④种植诱集带诱杀，⑤控制棉花徒长，喷施磷酸二氢钾，降低棉铃虫落卵量，⑥顶尖带出田外处理，⑦达到防治指标时应用选择性药物防治。

防治原则：严防一代"降基数"，主防二代"降虫口"，不放松三代"保产量"，坚持做到"药打卵高峰，治在二龄前"。

（12）棉叶螨防治。一是秋耕冬灌；二是早春渠道、林带、地头地边早防治；三是棉田早调查，做到治早、治少，防治在点片，采取查、抹、摘、拔、除、打综合措施。

（13）棉蚜防治。一是秋耕冬灌；二是冬季室内花卉灭蚜；三是早调查，做好中心株、中心片防治；四是防治棉花徒长；五是利用、保护好天敌，选择用药。

（14）病虫防治考核目标。

棉蓟马：为害多头率在 3%以下。

棉铃虫：直径 2 厘米以上蕾铃虫蛀率在 2%以下。

棉蚜：棉花卷叶株率不超过 20％。

棉叶螨：红叶不连片，严重红叶株率 10％以下。

病虫害损失不超过 3％。

5. 收获 棉花后期管理：一是要做好贪青棉田促早熟工作，除净田间杂草；二是做好拾花劳力的组织、培训等准备工作；三是做好采摘过程中四分工作，严格采摘质量，籽棉含水率不超过 10％；四是适期采摘，快采快交。

3.2.2 地膜机采棉花生产机械化技术体系

3.2.2.1 技术要求

1. 合理配制棉花种植行距，便于机械进行作业及丰产。依据目前几种主要机型的要求，棉花种植行距必须是（66＋10）厘米或（68＋8）厘米的配制方式，株高一般控制在 65～85 厘米，第一果枝节位距地面 15 厘米以上。

2. 适时采收。脱叶率达到 90％以上，吐絮率达到 95％以上，即可进行机械采收。

3. 合理制定行走路线，以减少撞落损失。采净率达 95％以上，总损失率不超过 4％，其中：挂枝损失 0.8％；遗留棉1.5％；撞落棉 1.7％；含杂率在 10％以下。

4. 脱叶催熟剂必须在采收前 18～25 天进行，且气温一般稳定在 18～20 ℃期间的前期进行较为适宜。

5. 机械采收完毕后，要进行人工清田，以便减少损失浪费，等连队检查验收合格后，方可进行下一作业。

3.2.2.2 作业前的田间准备

1. 收获前 5～7 天对田间进行实地调查：

（1）首先查看通往被采收条田的道路、桥梁宽不小于 4 米，机器通过高度不小于 4.5 米。

（2）棉花的脱叶率、吐絮率是否达到规定要求。

（3）条田毛渠、田埂是否平整，达到技术要求。

（4）地块墒度是否适宜，是否有影响机车行走因素。

（5）彻底清除田间残膜。

2. 对田边地角机械难以采收但又必须通过的地段进行人工采摘。

3. 查看通往条田及条田内有无障碍物影响通行。

4. 确定进出条田的路线。

3.2.2.3　作业机械的技术准备

1. 采棉机作业前必须进行全面的技术调试

（1）检查轮胎气压，必要时充气。

（2）启动前检查发动机机油、柴油、冷却液及各传动部件间隙，必要时添加调整。

（3）检查各系统仪表指示是否正常，有警示的必须查找排除报警故障，确认正常后，鸣号启动。

（4）启动机车，检查转向行走机构间隙。

（5）检查液压升降系统，升降采摘头及棉箱。出现升降不灵与不升降时，检查液压油及保险开关。必要时添加或更换液压油，更换保险开关。

（6）运转采摘滚筒，进行清洗、保养，并检查调整摘锭与脱棉盘、刷座及压紧板的间际。检查传动齿箱，加注摘锭油。

（7）连接风机装置，检查负压管道气压。

（8）加注清洗剂、调试润湿系统压力，检查泵、阀压力及喷嘴的雾化情况。

（9）严格按操作说明要求及保养要求进行操作保养。

2. 采棉机田间作业现场必须进行技术调试

（1）检查调整轮距，找准行走路线。

（2）检查调整采摘头的前倾角度和压紧板的间隙。

（3）根据棉花成熟度情况及空气湿度情况，检查调整润湿水压。

（4）检查报警装置间隙及灭火器配置。

3. 拉花运输车必须进行全面的技术准备

（1）拖拉机工作必须正常，达到"五净"、"四不漏"标准。必须安装防火罩。

（2）网箱车连接可靠，必须安装安全销及链。

（3）网箱车关闭机构灵活可靠。

（4）网箱车必须配备盖布。

（5）网箱车必须配备灭火器。

3.2.2.4 机械作业及人员组织

1. 采收机械必须是完好的技术状态，按要求牌证齐全，并备有防火设施。

2. 驾驶操作人员必须经过技术培训，持有驾驶证、操作证方可上岗。

3. 避免跨播幅机采。

4. 在田间作业速度控制在 4～5 千米/小时。

5. 根据条田棉花产量及运棉距离确定随车拉运棉花机车的数量。

6. 每台采棉机必须有一名助手，负责机采质量及必要的辅助工作，坚持班次保养制度。

7. 运棉机车必须服从采棉机手的统一指挥、调度，做到相互配合，协调一致，以保采收质量及工作效率。

8. 连队必须配备随机人员做好田间采收机组的服务、协调工作，共同把好质量关，减少损失浪费。

3.2.2.5 作业质量检查验收及安全技术要求

1. 作业质量的检查验收

（1）由连队领导或技术人员、承包户、机组人员共同组成验收小组，首先在机车进地前对地块进行检查。

①查看脱叶率、吐絮率是否达到规定要求。

②地块自然损失率达到什么程度。

③条田的准备工作是否按要求进行。

④棉田生长情况是否达到收获的技术要求。

⑤田间残膜是否彻底清除干净。

（2）采收结束后进行综合质量检查验收。检查机组是否按技术要求进行作业，质量是否达到技术要求，对照质量指标进行综合评价，然后三方在验收单上签字验收。

（3）如果对采收质量有分歧，最后由团主管部门进行协调、仲裁。

2. 安全技术要求

（1）非机组人员不得随意上机车进行作业（包括拉运棉机车）。

（2）机车行走运转前必须发出行走运转信号。

（3）机车工作人员必须穿紧身工作服，机械在运转情况下，不得排除故障，非机组人员不得随意靠近运转的机组或爬上爬下机车。

（4）在作业区内任何人不得躺卧休息。

（5）作业时，严禁在收割台前和拖拉机前活动。

（6）采棉机在空运转或工作时，严禁排除各种故障。

（7）夜间工作机组必须有足够的照明设施。

（8）任何人不许在作业区内吸烟，夜间不许用明火照明。

（9）随车必须有防火设施。

（10）拉运棉机车上不许乘人，并注意行车安全。

（11）严防机车漏油或加油时洒油现象发生。

（12）在作业区内的任何人必须服从机组安全人员对违反安全行为的劝阻行动。

3.2.3 育苗移栽棉花生产机械化技术体系

3.2.3.1 育苗

1. 品种

（1）品种选择。选用中熟优质丰产棉花品种。

（2）备种。种子质量符合 GB15671 标准中的规定。按每平方米苗床（净面积，下同）育苗 300～500 株算，每平方米苗床需准备 50～70 克精加工脱绒包衣棉种。苗龄小于 30 天，可适当密播；苗龄大于 30 天，可适当稀播。

2. 育苗物质准备

（1）育苗基质、促根剂、保叶剂。每平方米苗床需准备育苗基质 8.5 千克左右，促根剂 50 毫升，保叶剂 25 克。

（2）河沙。每平方米苗床需准备干净河沙 85 千克（河沙与育苗基质按体积比 1.2∶1 或重量比 10∶1 准备）。青沙、黄沙、细石沙均可使用，最好使用中颗粒沙。

（3）育苗塑棚。小拱棚育苗需准备竹弓、农膜、地膜、固定用的尼龙绳等（同营养钵育苗）。

蔬菜大棚或日光温室分层育苗还需准备育苗盒和育苗架。育苗盒规格为高 12 厘米、长 80～100 厘米、宽 40～50 厘米，育苗架规格长×宽×高为 160 厘米×50 厘米×200 厘米。每个育苗架分 3 层，可放 24 个育苗盒。

3. 苗床建设

（1）床址的选择。大田育苗要求背风向阳，地势高亢，排水方便，便于管理。庭院育苗要求阳光充足，注意防止家禽家畜的破坏。小拱棚规模化集中育苗、蔬菜大棚和日光温室进行工厂化育苗，要求床址的地势开阔，交通便利。

（2）苗床面积。每平方米苗床（净面积）可育 300～500 株苗，按计划密度增加 20% 育苗量，每亩大田需苗床 4～6 米^2。地膜，出苗后及时揭膜防烧苗。小拱棚需搭好弓棚，覆盖农膜。苗床四周挖好排水沟。

（3）建床。苗床以宽 100～120 厘米、高 10～12 厘米、长度不超过 12 米，四周走道宽 40～50 厘米。苗床应高于地面，四周可用砖砌，床底铲平夯实，底部和床四周铺垫地膜。利用育苗架和育苗盒多层育苗，可根据棚高设定层次及层高，一般第一层高 90 厘米，第二层高 80 厘米，第三层高 70 厘米。

（4）基质制备。基质与河沙按体积比 1∶1.2 或重量比 1∶10 混匀制成标准型装质备用。标准型基质制备时不能加入土壤。

（5）铺装基质。苗床膜上铺标准型基质，厚 10 厘米，利用育苗架和育苗盒育苗，育苗盒中装标准型基质厚 10 厘米。

4. 播种

（1）适时播种。按育苗期 20～30 天，移栽适宜苗龄 2～3 片真叶计算，可按移栽日期倒推播种时间。移栽时间 5 月上旬，育苗时间应在 4 月上旬。选晴天或冷尾暖头播种。

规模化或工厂化育苗播种需采用分期分批连续播种的方法，即根据移栽期倒推育苗期，先播 1～2 棚，停 1～2 天再接着播种，可确保适宜苗龄和移栽时间。

（2）基质加水。播种前基质应浇足底墒水，一般每平方米苗床需灌水 40 千克左右，以手握基质成团且不渗水为准，基质含水量达到 30% 左右。

（3）划行播种覆膜。按行距 10 厘米划行，开沟深 3 厘米，按一穴一粒播种，种子距离 3 厘米播后用基质覆盖种子，抹平床面，轻镇压，在床面覆盖地膜，出苗后及时揭膜防伤苗。小拱棚需搭好弓棚，覆盖农膜。苗床四周挖好排水沟。

5. 苗床管理

（1）浇灌促根剂。棉苗子叶平展到一叶一心期间，用 100 倍的促根剂溶液灌根 1 次，应在棉苗行间均匀浇灌到根部，不应喷施到叶面上。促根剂溶液的配置方法为：量取促根剂 40 毫升原液，加水 4 000 毫升，混匀后可浇灌 1 米^2 苗床。

（2）掌握温度，防高温烧苗。小拱棚育苗时采用遮阳网。棉花从出苗到子叶平展，要求温度保持在 25 ℃左右；齐苗后注意调节温度，及时小通风，防止高脚苗；真叶出生后，苗床温度保持在 20～25 ℃，通风炼苗，上午揭膜通风，下午覆盖；后期随着气温的升高，炼苗日揭夜覆。

蔬菜大棚和日光温室育苗：出真叶后苗床温度应控制在 20～

25℃，蔬菜大棚应打开天窗和四周通风，日光温室应安装大型排风扇以快速通风降温，以保证室内温度不超过35℃。

（3）及时补水。苗床管理应以控水为主，以移栽前红茎比例大约50%为宜，根据基质墒情，补水1~3次，第一次补水可与浇灌促根剂同时进行。日光温室因缺乏紫外线照射，棉苗幼茎不易发红，更应注意水分控制。

（4）齐苗后及时除草、间苗，去劣留壮。

6. 移栽前管理

（1）栽前炼苗。移栽前5~7天日夜通风炼苗，通雨或天气寒冷，仍需覆盖。

（2）浇送苗水。移栽前3~5天浇适量送苗水（以满足起苗前棉苗正常生长需水量），起苗前不再浇水，保持基质适宜含水量，方便取苗。

（3）喷施保叶剂。移栽当天或前1天喷保叶剂，保叶剂应稀释到15倍，搅拌、摇匀后使用。每平方米苗床需喷稀释后的保叶剂375毫升左右保鲜和防萎蔫。

（4）基质育苗移栽及苗期管理。按照损失多少补充多少的原则进行，第2~3次使用时，如果基质数量没有损失，不需补充，要适当补充营养，亦可增加母体型基质的10%~20%，第4~5次使用时，要求补充母体型基质数量的10%~50%，充分混匀；基质培肥：每立方米加干鸡粪3.6~5.4千克，磷酸二铵0.36~0.54千克，充分混匀，基质培肥不能使用尿素。

3.2.3.2 基质育苗移栽及苗期管理

1. 移栽棉苗的标准 要求棉苗两片子叶完好无缺，披有上层蜡质，真叶2~3片，叶色浓绿，叶片无病斑；苗高15~20厘米，红茎比60%~70%；无捂苗烧苗、生长点完好，茎粗叶肥；根系完整呈白色或乳白色、无病斑，根多、根密、根粗壮。

2. 适期移栽 移栽适期为4月下旬至5月上中旬，移栽棉苗叶龄为2~3片真叶。

3. 移栽前的大田准备

（1）施足底肥。施肥肥量同营养钵育苗移栽。施用时间不迟于移栽前的 7～10 天，以防烧苗。

（2）造墒。要求移栽大田土壤墒情好，并浇好安家水，每株不少于 0.5 千克，保证棉苗成活并缩短栽后缓苗期。

（3）地膜覆盖。对于移栽地膜棉：可先地膜覆盖，再打孔移栽，栽后即浇安家水；还可以先开沟移栽，浇好安家水，再地膜覆盖。

4. 起苗、浸根及保存运输

（1）抗蒸腾剂和保水剂的使用。为防止基质裸体棉苗移栽后失水，起苗前 1～2 天，在苗床喷施 10～15 倍保叶剂，在移栽前使用适宜的抗蒸腾剂和保水剂 100 倍液对棉苗浸根，可有效减少棉苗水分蒸发，减轻栽后萎蔫，加快返苗。

（2）起苗。从苗床的一头用手拨开基质，每行要求垂直拨到苗床底层，露出根系，一手插入苗床底部，另一手扶苗，轻轻将棉苗托出，带出大堆原生根系，要求轻取轻拿，少或不折断根。

（3）浸根。扎捆，每捆 30～50 株浸根。操作方法：将稀释100 倍的促根剂溶液倒入一脸盆内，溶液深 8～10 厘米，棉苗根系浸入其中，时间 10～15 分钟，之后起出，再用地膜包好根系，运往移栽处。移栽多余的苗，可假植苗床，或寄养在地头。不能将促根剂溶液喷在棉苗叶片上。

（4）保存和运输。运输时要保持幼苗根部湿润，避免阳光直晒。起苗后要求 12 小时内栽完，不能移栽的要置于阴凉处，注意保湿保水透气。

5. 提高移栽成活率，缩短缓苗期

（1）精细整地，以利返苗发棵。

（2）地膜覆盖移栽。基质棉苗移栽后遇低温或干旱，缓苗时间延长，要地膜覆盖移栽。

（3）提高移栽质量。做到适龄、适时、适温、适墒移栽，即棉苗二叶一心时，地温稳定在 16 ℃ 以上，爽土条件下晴天下午 3 时后或阴天全天移栽。

（4）开沟或打穴。按移栽密度定移栽株行距，开沟或打穴深 10～12 厘米，使棉苗根系垂直埋入土内，覆土，扶正苗，挤紧。

（5）及时浇促活水。基质棉苗栽后 0.5 小时内必须浇水，以保证无土棉苗根系和土壤紧密结合。若是高温或少雨天气，苗栽下 10 分钟内必须浇水。浇水一定要浇透，湿度要能保持 3 天以上，每株棉苗浇水 0.5 千克以上，过少会影响棉苗的成活和早发。

6. 栽后管理

（1）查苗补苗。移栽后出现短时萎蔫属于正常现象，出现个别死苗要补上，以保证计划密度。

（2）及时补水。根据土壤墒情，栽后要及时补水，提高移栽成活率，促进早发根，实现壮苗早发。

（3）施肥提前。棉苗移栽后长出第一片新叶时，适当施提苗肥。对棉苗使用含 0.5%～1% 尿素或 0.1%～0.5% 磷酸二氢钾或两种均含的水溶液进行浇根，每株 200～500 毫升。

（4）中耕破板结。没有地膜覆盖棉田，及时中耕，锄草，破板结，促发根的生长。

（5）其他管理。同营养钵育苗移栽或直播棉花。

3.2.3.3　蕾期田间管理

1. 蕾期长势长相

长势：棉株主茎日生长量 1～1.5 厘米，主茎叶日增 0.3～0.4 片，果枝日增 0.3～0.4 个，果节日增 0.4～0.5 个。

长相：棉株稳健，壮而不疯，蕾多蕾大。

2. 蕾期化调　10 片真叶时每亩用助壮素 2～2.5 毫升兑水 12 千克喷雾，14～15 片真叶时每亩用缩节胺 1～1.5 克兑水 15 千克喷雾。

3. 及时整枝　当棉株现蕾后，除保留果枝以下一两片主茎叶外,将其他各节的主茎叶和所有的叶枝全部除去,使棉株体内营养充分供应果枝上蕾铃的发育。

4. 中耕灭茬　及时中耕松土,灭草、提温、保墒。

5. 深施蕾肥　6月上中旬,当棉苗具有 3～5 个果枝时,每亩开沟深施优质农家肥 1 500 千克或棉饼 50～60 千克,加过磷酸钙 20～25 千克,氯化钾 10～15 千克。棉苗长势较弱的棉田,可加尿素 1.5～2.0 千克。

3.2.3.4　花铃期管理

1. 花铃期长势长相

长势:主茎日生长量 1.5～2 厘米左右,最高不超过 2 厘米,果枝日增 0.3～0.4 个,蕾日增 1.5～2 个,成铃日增 0.3～0.5 个。

长相:棉花生长稳健,初花期搭好丰产架子,蕾多蕾大,感花期枝叶繁茂,带桃封行。

2. 花铃期田间管理

(1)早施重施花铃肥。花铃肥以速效氮肥为主,分两次施用。

(2)适时打顶。当棉株果枝 7～8 层时打顶,时间以七月上中旬为宜。坚持做到枝到不等时,时到不等枝。

(3)花铃期化调。开花后 5～7 天,每亩用缩节胺 2～2.5 克兑水 25 千克喷雾;打顶后 3～5 天,每亩用缩节胺 3～4 克,兑水 35 千克喷雾。

(4)及时灌溉。棉株顶部 3～4 片叶中午出现萎蔫,失去向阳性,叶色变绿,叶片变厚,花位迅速上移时应及时灌溉,灌后及时松土保墒。

(5)根外追肥。6月下旬至 7月下旬,结合治虫,在药液中兑 1%尿素,0.2%磷酸二氢钾进行叶面喷施 2～3 次,实现壮伏桃,争秋桃的目的。

(6)防田间荫蔽。通风透光较差的棉田要及时打掉下部老叶,去空枝,抹赘芽,摘旁心,增加棉田透光性。

3.2.3.5 病虫防治

1. 苗床及苗期病虫综合防治

（1）苗床至苗期主要病虫。小拱棚育苗主要害虫有地老虎，蔬菜大棚育苗害虫主要有棉蚜、烟粉虱等，苗床病害主要有猝倒病、立枯病、炭疽病等。棉苗移栽后，主要有红蜘蛛、蚜虫、盲蝽、地老虎、枯萎病、苗病、蜗牛等。

（2）综合防治措施。药剂处理种子：用 2.5% 的咯菌腈悬浮种衣剂 10 毫升兑水 100 毫升，搅拌均匀后拌棉种 10 千克，对棉花苗病有良好的预防作用；选用 70% 吡虫啉湿拌种剂 50～70克，加水 0.15～0.2 升拌成糊状后将 10 千克种子倒入搅拌均匀，晾干后播种，可控制蚜虫、烟粉虱基数。

防治苗病和苗期枯萎病：可用咯菌腈或甲基立枯磷或黄腐酸饵喷雾防治苗期病害。

防治地老虎：采用撒毒土的办法防治低龄幼虫，幼虫龄期较大时，用 90% 敌百虫晶体喷拌麦麸或棉籽饼制成毒饵，于傍晚顺垄撒施。

防治棉蚜、烟粉虱：可选用 70% 吡虫啉 1～2 克或 20% 啶虫脒 5～10 毫升兑水喷雾。

防治红蜘蛛、棉蚜、盲蝽：可选用 1.8% 阿维菌素类杀虫剂兑水喷雾。

防治蜗牛：可选用 6% 四聚乙酸（密达）诱。

2. 棉花生育前期病虫害综合防治

（1）棉花生育前期主要病虫。棉铃虫、红蜘蛛、烟粉虱、盲蝽、棉蛇、枯黄萎病。

（2）综合防治措施。根据棉花的生育特点和害虫的发生危害特点，在棉花生育前期（以 7 月中下旬进入伏旱时为分界线），制定以保护利用天敌，充分发挥棉花的补偿作用为主的防治策略。充分发挥天敌的控害和棉花的补偿作用。通过放宽防治指标，合理使用农药来达到保护天敌的作用。棉田天敌种类很多，如蜘蛛类、瓢虫类、小花蝽、草蛉、六点蓟马等，对棉花主要害虫特别是棉蚜和棉铃虫有较强的控制作用。

防治结合，减轻桔黄萎病发生危害程度。枯、黄萎病的防治以推广抗病品种为主。对初见病株的田块，可采取如下措施：一是要深挖三沟防渍；二是在移栽时施药灌定根水，营养钵移栽后当日或次日每株灌 1 000 倍多菌灵力加 100 倍尿素液 100 毫升；三是对发病棉株追施碳铵杀菌促发（株灌 20～30 倍碳铵液 400 毫升）。

放宽防治指标，合理使用农药，控制前期害虫危害。棉蚜：三叶期卷叶株率 10% 和益蚜比 1：100 以上，三至七叶期卷叶株率 20% 和益蚜比 1：100 以上进行防治。棉株现蕾后弃治棉蚜，防治药剂应选用增效机油、吡虫啉等药剂，以达到保护天敌的目的。红蜘蛛：苗期有螨株率 15% 以上，蕾花期 20% 以上，防治上选用专用杀螨剂，如生物农药浏阳霉素，化学农药达螨灵、速螨酮等。盲蝽：常年主要是二代盲蝽集中危害早发棉田，当百株虫超过 10 头时选用有机磷类农药防治，切不可普治。一代红铃虫：原则上弃治，但对村庄附近 200 米以内的有 3 个以上大蕾的早发棉田，当百株卵量超过 100 粒时选用拟除虫菊酯类农药防治。二代棉铃虫成虫始盛期，全部推广诱娥灵和杨枝把诱杀三代成虫始盛期，用诱娥灵和杨枝把诱杀，或用频振式杀虫灯、高压泵灯诱杀。二代棉铃虫防治早发棉田和棉田间作套种作物，二、三代棉田百株卵量 10 粒即施药防治，以减少四、五代发生基数。一、二代和三代前期应选用生物农药 NPV 防治，非抗虫棉可选用 Bt 防治。烟粉虱：烟粉虱是近年来棉花上的一个主要害虫，如在 7 月中下旬进入发生高峰，对棉花生长危害极大。防治药剂主要有苦参碱、联苯菊酯、啶虫脒、美加农（0.12% 藻酸丙二醇酯旨可溶液剂）、烯啶虫胺、鱼藤酮等药剂。注意药剂轮换使用。

3. 花铃期至吐絮期病虫害综合防治

（1）花铃期至吐絮期主要病虫。棉铃虫、红蜘蛛、烟粉虱、盲蝽、斜纹夜蛾，桔黄萎病、铃病等。

（2）综合防治措施。棉花进入 8 月份以后，自身补偿能力明显减弱，棉田天敌对害虫的控制能力减弱。此时棉田发生的棉铃虫、红铃虫直接危害的是棉花的收获部分，烟粉虱进入全年的发生高峰，秋雨多的年份，盲蝽、铃病发生重，斜纹夜蛾有时爆发，若防治稍有失误，就可造成棉花严重减产。因此，这一时期棉花病虫害的防治必须以药剂防治为主，以防治棉铃虫为主，兼治其他害虫，对于铃病则以农业防治为主，辅以药剂防治。

打空枝，摘烂铃，减轻铃病危害。棉花早发和秋雨多的年份，铃病发生重。在铃病的防治上要通过打空枝来增强棉株间通风透光度，来减轻发生程度，通过抢晴摘烂铃及时剥晒来减轻损失程度。辅以药剂防治，减轻其发生程度。从 8 月上旬开始，选用 70% 的代森锰锌等药剂对准棉株中下部施药防治，7 天一次，共 3～4 次，可达到 50%～60% 的防治效果。

全部实施诱蛾灭蛾，减轻棉铃虫发生程度。

药剂防治。棉铃虫：当日百株卵量 30 粒或百株虫量 3 头，二代红铃虫单株 30 天以上青铃 4 个，当日百株卵量 80～120 粒；三代红铃虫单株 30 天以上青铃 4 个，当日首株卵量 300 粒以上，进行防治，兼治盲蝽、斜纹夜蛾等。药剂品种有：茚虫威、硫双威、多杀菌素、甲维盐、阿维菌素、乙酰甲胺磷、三氟氯氰菊酯、丙溴磷及复配制剂等。防治烟粉虱同上。亩喷液量工农-16 型喷雾器不得少于 60 千克，机动喷雾器不得少于 15 千克。

3.2.3.6　收获

收获见地膜机采棉的收获标准。

3.3　玉米生产机械化技术体系

3.3.1　常规玉米生产机械化技术体系

3.3.1.1　品种选择

实验证明实现高产，必须选种耐密型品种，如郑单 958、先玉 335 等。必须适宜密植，将密度由原来 4 500 株/亩提高到 5 000 株/亩以上，根据品种特性和地力水平确定适宜苗密度。郑单 958 每亩可留苗 6 500 株左右。先玉 335 每亩留苗 6 000 株左右，实际收获时要保持在 5 500 株/亩种植农艺要求，行距 60 厘米，株距 18.5～20 厘米。

3.3.1.2 耕整地

1. 耕地　种植玉米的茬口一般尽量采用麦茬地，避免多年重茬种植，出现倒茬困难的情况下，重茬比例一般只占玉米种植面积的 30% 左右。耕地作业分两种不同情况进行：

（1）麦茬地。麦收后灭茬进行浅翻播绿肥（或复播大豆等）养地，入冬前深翻，深度 23～25 厘米，深翻时带副犁并加装施肥装置，进行全面施肥，施肥量 300 千克/公顷，磷肥、尿素各一半，第二年春天整地后播种。

（2）重茬地。在玉米重茬地播种玉米，秋季收获玉米后可回收玉米秸秆制作黄贮饲料，或用重型缺口耙竖、横、斜各切一遍，或用秸秆粉碎机粉碎秸秆还田，然后进行深翻，深度 23～25 厘米，深翻时犁上装施肥装置全层施肥，施肥量与犁麦茬地一样为 300 千克/公顷，但尿素比例可加大一些，以利于玉米秸秆腐化。

2. 整地　冬前深翻的地块，第二年冰雪融化后（3 月底以前）用缺口耙进行浅切保墒，切地深度达 15～18 厘米。播种前用联合整地机再进行一次耙压，确保整地质量。

3. 播种　整好的地块，在播种前由专人进行规划，用悬挂气吸式播种机采用梭形播种法，播前在地块一边插好播种线和起落线。在气温较低的地区，也可用铺膜播种机进行铺膜播种，或在气播机上改装铺膜装置，实行铺膜播种。玉米播前进行种子包衣或拌种后晾干，否则影响下种。

（1）精量播种。玉米种子发芽率要达到 95%，纯度不低于 97%，净度不低于 98%。地表平整，墒度好的地块，0--10 厘米土层温度达到 12 ℃时，可适期早播（一般在 4 月中、下旬）。

（2）半精量播种。在玉米种子发芽率较低，种子纯度差，地里有害虫的情况下，采用半精量播种，以保证出苗株数。

（3）地膜栽培。积温较低的地区或为了促进玉米早收高产可采用地膜栽培。地膜玉米比常规玉米提前播种 5～7 天，播种为膜内穴播或膜上穴播。采用（40＋60）厘米的宽窄行，播种时侧深施种肥，每公顷施种肥 75 千克。

4. 测土配方施肥　根据目标产量进行测土配方施肥，降低成本，提高肥料利用率，主要步骤：

（1）化验计划种植玉米的地块土壤养分含量（氮、磷、钾及微量元素）；

（2）测验土壤养分较正系数；

（3）对种植玉米的条田施用肥料利用率进行测定；

（4）根据目标产量确定所需肥料种类和使用量。

5. 中耕　根据地表杂草及土壤墒度适时中耕，第一次中耕一般在作物显行后进行，地膜玉米可在播种后不显行时开始中耕。一般中耕 3 遍，前两次松土、保墒、除草，第三遍追肥、开沟、培土。第一遍中耕以不拉沟、不埋苗为宜，护苗带 10～12 厘米，为此，必须严格控制车速，一般为慢速。第二、三遍中耕护苗带依次加宽，一般为 12～14 厘米，中耕深度也依次加深，第一遍 12～14 厘米，第二遍 14～16 厘米，第三遍 16～18 厘米。中耕机具：65 马力中型拖拉机，2BQ - 6 气吸式精量播种中耕追肥机，中耕机上安装单翼铲、双翼铲、大小杆齿。新疆- 15 拖拉机可带小型中耕施肥机。

6. 化控化调　在玉米生长期，进行二遍化调措施，控制玉米过快生长，以达到高产的理想株形。

（1）在玉米 6 片叶时，喷洒矮壮素，控制玉米茎秆的生长。

（2）在玉米生长到 11～12 片叶，大喇叭口期再化控一次，喷洒乙烯利，促进玉米生殖生长，控制营养生长。

7. 开沟追肥　在玉米开沟培土的同时进行追施尿素，追肥量 100～150 千克/公顷，以促进玉米植株发育良好，迅速生长，同时为浇水创造条件。开沟培土、追肥必须在玉米株高为 60～70 厘米时进行完毕。

8. 浇水 根据玉米生长情况及土壤墒度情况，确定浇水时间、浇水次数及灌水量。当 SC704 展开 12 叶时灌第一水，头水应灌匀、灌足。头水后 10～15 天紧跟第二水，抽雄后的 20 天内灌第三、第四水，灌水既要满足需要，又不要过量，后期不能停水过早，只要植株青绿，就要保持田间湿润。

3.3.1.3 玉米收获应满足的要求

1. 实施秸秆青贮的玉米收获要适时进行，尽量在玉米果穗籽粒刚成熟时秆变黄前（此时秸秆的营养成分和水分利于青贮）进行收获作业。

2. 玉米收获尽量在果穗籽粒成熟后晚 3～5 天再进行收获作业，这样玉米的籽粒饱满，果穗的含水率低。

3. 秸秆越青，水分越高越利于将秸秆粉碎，可以相对减少功率损耗。

4. 根据地块大小和种植行距及作业质量要求选择合适的机具，作业前制定的收获作业路线，同时根据机具的特点，做好人工开割道等准备工作。

注意事项：

1. 作业前应进行试收获，调整机具，达到农艺要求后，方可投入正式作业。

2. 播种、收获前，应做好田间调查，将水井、电杆拉线等不明显障碍安装标志。

3. 播种作业，要行平走直和换接行距一致，及时疏通塞堵现象，保持输肥管畅通，防止缺苗断垄，保证作业质量。

4. 收获前 3～5 天对田块中的沟渠、垄台予以平整，以利安全作业，并对收获程序、种植密度和行距果穗的下垂度、最低结穗高度等情况进行田间调查。作业时，调整摘穗辐（或搞穗板）

间隙，以减少籽粒破碎；作业中，割台要对准玉米行，既可减少掉穗损失，又可提高作业效率。注意果穗升运过程中的流畅性，以免卡住、堵塞；随时观察果穗箱的充满程度，及时倾斜果穗，以免果穗满箱后溢出或斜粮卡堵现象。

5. 正确调整秸秆还田机的作业高度，以保证留茬高度小于8厘米。

6. 如安装灭茬机时，应确保灭茬刀具的入土深度，保持除茬深浅一致，保证作业质量。

3.3.2 地膜玉米生产机械化技术体系

3.3.2.1 玉米品种选择

1. 品种选择 选用中晚熟高产玉米品种 SC704，种子质量要求纯度 97% 以上，净度 99% 以上，发芽率 85% 以上，含水量≤13%。

2. 种子处理 播种前晒种 2～3 天，提高发芽势。在播种前 10～15 天，用玉米包衣剂（包衣剂：种子＝1：50）进行机械拌种。

3.3.2.2 播种（施肥）作业

1. 作业质量

（1）播种。4月下旬至5月上旬，气温稳定在6℃时，开始播种。

（2）播法与播量。

① 垄上精量点（穴）播。可进行全株距或半株距单粒等距点播，单株合格率≥90%，重播率≤2%，漏播率≤0.5%。玉米穴播每穴种子为 2～3 粒。

② 单粒点播，平播后起垄。为保全苗可进行全株距或半株距平播，出苗后起垄和定苗。

③ 播量准确。实际播量与计划播量误差为±2%，行间播量误差±3%。穴播双粒率＞70%，平均穴的长径为 3～5 厘米。

（3）种肥施用。

① 施用位置在垂直种床下深施 5～8 厘米，或侧深施距种床

4～6 厘米，深度同前。实际播肥量与计划播肥量误差±3％，各行排肥量误差为±4％。

② 按作物生育需要进行测土配方施肥。按公式（3-1）计算。

$$Q_f = \frac{\lambda(Y-X)}{\alpha\beta} \qquad 式（3-1）$$

式中：Q_f——全年种肥需用量，千克/公顷；

　　　λ——作物单位产量吸收养分量值；

　　　Y——目标产量，千克/公顷；

　　　X——空白产量，千克/公顷；

　　　α——肥料元素含量，％；

　　　β——肥料利用率，％。

有机肥作底肥时，根据总需肥量减去有机肥含量，按公式（3-2）计算化肥用量。

$$Q_h = \frac{Q_f - N_a\alpha_1\beta_1}{\alpha_2\beta_2} \qquad 式（3-2）$$

式中：Q_h——化肥施用量，千克/公顷；

　　　Q_f——总需肥量，千克/公顷；

　　　N_a——有机肥施用量，千克/公顷；

　　　α_1——有机肥元素含量，％；

　　　β_1——有机肥利用率，％；

　　　α_2——化肥元素含量，％；

　　　β_2——化肥利用率，％。

当施用追肥时，计算出的化肥种肥施用量应减去氮肥总量的 70％（用于追肥）。

（4）播深及镇压。播深依据土质墒情而定，正常情况下为 5～6 厘米，误差为±1 厘米。覆土均匀严密，不准露种，要求随播随压或播后及时镇压。

（5）行距误差为±1 厘米，机组往复行距误差为 5 厘米。50 米长播行直线度±3 厘米，垄上播种应对准垄顶中心，误差≤5 厘米。

2. 质量检查验收方法　按 DB23/T207.8 规定执行。

3.3.2.3　地膜覆盖作业

1. 作业质量

（1）整地与施肥。

① 选择土壤肥力好，地面平整，表层土壤干净的地块。

② 覆膜地块进行伏秋翻，整平耙细，起垄压实。春起垄的在顶浆期内进行。垄型标准，垄距一致。

③ 覆盖前土壤墒情好，在 0～10 厘米土层内，土壤含水量≥18%。

④ 覆盖（或播种）前，用耢子耢掉垄台干土及土块，除掉根茬，垄台平整、细碎。

（2）地膜选用。一般选用厚度为 0.006～0.010 毫米，膜卷直径≤22 厘米，要求端面整齐，芯轴外露≤3 厘米，膜卷内无断头、扭折或粘连破损。

（3）作业质量。

① 覆盖后地膜平展，皱纹高度≤50 毫米。

② 压膜覆土宽度≥80 毫米，压土厚度≥50 毫米。

③ 地膜折边宽度≤30 毫米。

④ 10 米长度内覆膜直线度误差±5 毫米。

⑤ 地膜采光面宽度≥150 毫米。采光面保持清洁，不得有杂草和碎土遮盖。

⑥ 铺膜破损率<1%。

⑦ 覆土合格率>90%。

2. 作业质量检查验收方法　按 DB23/T207.8 规定执行。

3.3.2.4　中耕深松

1. 作业质量

（1）深松作业在出苗后进行，可结合 1～2 次中耕进行。

（2）深松深度在 25 厘米以上。

（3）作业时不断垄、不伤苗、不偏墒。伤苗率≤1％，偏墒误差≤4厘米。

2. 作业质量检查验收方法 按 DB23/T207.8 规定执行。

3.3.2.5 中耕培土（追肥）作业

1. 作业质量

（1）根据土壤墒情、苗情及草情中耕 2～3 遍。

（2）第一遍中耕在三叶期进行，耕深 14～16 厘米，有坐犁土，垄帮有少量培土。

（3）第二遍中耕在定苗后进行，耕深 12～16 厘米，培土时垄台有碰头土，垄帮有浮土。

（4）第三遍中耕在拔节前进行，耕深 10～12 厘米，有过犁土，培土高度以培植玉米根茎部 8～10 厘米为宜。

（5）中耕深度一致，各垄耕深误差为±2 厘米。

（6）作业不偏墒、不压苗、不埋苗、不伤苗，各次中耕伤苗率≤1％。

（7）结合第二遍中耕进行第一次追肥，结合第三遍中耕进行第二次追肥。施肥深度 9～12 厘米，护苗带 8～10 厘米，施肥量误差≤5％。

2. 作业质量检查验收方法 按 DB23/T207.8 规定执行。

3.3.2.6 植保喷雾作业

1. 作业质量 机组匀速作业，药量准确，各喷雾流量一致，喷洒均匀，不重喷，不漏喷。往复行重喷宽度≤15 厘米。

2. 作业质量检查验收方法 按 DB23/T207.8 规定执行。

3.3.2.7 果穗收获作业

1. 作业质量

（1）玉米籽粒含水率降到 25％～30％，植株倒伏在 5％以上时，可用玉米收获机进行果穗收获作业。

（2）果穗落地损失率≤3％，落粒损失率≤2％，子粒破碎损失率≤1.5％，苞叶剥净率应≥70％，茎秆粉碎长度≤120 毫米，茎秆粉碎率≥80％。

（3）割茬高度≤150 毫米。

2. 作业质量检查验收方法 按 DB23/T207.8 规定执行。

3.3.2.8 联合收获作业

1. 作业质量

（1）玉米联合收获包括：收割、脱粒到茎秆破碎还田几道工序的全过程。

（2）全田 90％以上植株的果穗子粒硬化，胚出现黑层，苞叶变黄时为适时收获期。

（3）联合收获：即在田间用机械直接收获。收割、摘穗、脱谷一次完成，直接收获损失率≤3％。

2. 作业质量检查验收方法 按 DB23/T207.8 规定执行。

3.3.2.9 脱粒清粮作业

1. 作业质量 小型玉米脱粒机在脱粒清粮作业时要求达到以下质量标准。

（1）脱净率≥97％。

（2）净度≥90％。

（3）破碎率≤3％。

2. 作业质量检查验收方法 按 DB23/T207.8 规定执行。

3.3.2.10 秸秆粉碎还田作业

1. 作业质量

（1）在果穗收获后（割倒放铺或站秆）及时进行。

（2）粉碎的秸秆达到细碎，长度一致。长≤80 毫米，宽度≤10 毫米。

（3）秸秆粉碎后达到软、散，无原柱段和硬节段，抛散均匀。

（4）割茬高度≤150 毫米。

（5）秸秆粉碎还田后，及时灭茬、翻地。即粉碎—耙茬—翻地连续作业，使碎秸秆和根茬均匀地拌于耕层内，翻地深度≥24

厘米。

2. 作业质量检查验收方法 按 DB23/T207.8 规定执行。

3.3.2.11 根茬破碎还田作业

1. 作业质量

（1）秋季封冻之前为最佳作业期，不宜春季作业，如春播前作业需及时镇压。

（2）根茬粉碎长度≤80 毫米，宽度≤10 毫米，破碎合格率≥80%。

（3）根茬粉碎还田作业属于浅耕作业，适宜耕深为 8～12 厘米。

（4）耕层内碎土率≥90%，土块最大外形尺寸≤40 毫米。

（5）根茬清除率≥95%。

2. 作业质量检查验收方法 按 DB23/T207.8 规定执行。

3.3.3 滴灌玉米亩产 800～1 000 千克栽培技术

3.3.3.1 产量指标及构成因素

1. 产量指标 亩产 800～1 000 千克。

2. 产量构成因素 亩收获穗数 5 000～5 500 穗，穗粒数 650～750 粒，千粒重 300 克，单穗粒重 195～225 克。

3.3.3.2 土壤条件

1. 选择土地平整，土壤含盐量 0.2% 以下，肥力中等以上的地块。

2. 大秋作物收获后及时进行茬灌或秋耕冬灌，亩灌水量 70 米^3，灌水质量要求均匀一致。

3. 全层施肥：秋翻前将 10 千克尿素、12 千克三料作为底化肥深施。

3.3.3.3 品种选择及种子处理

1. 品种选择 选用中晚熟高产玉米品种 SC704，种子质量要求纯度 97% 以上，净度 99% 以上，发芽率 85% 以上，含水量≤13%。

2. 种子处理 播种前晒种 2~3 天，提高发芽势。在播种前 10~15 天，用玉米包衣剂（包衣剂：种子＝1∶50）进行机械拌种。

3.3.3.4 播前准备

1. 整地 播前精细整地，质量达到"齐、平、松、碎、净、墒"六字标准。

2. 播前喷洒除草剂 选用施田补每亩用 150~180 克进行土表喷雾，喷后立即进行对角耙地混土。

3. 播期 5~10 厘米地温持续稳定在 10~12 ℃即可播种，做到适期播种，确保一播全苗。一般在 4 月 15 日试播，4 月 30 日前结束播种。

4. 播量 亩播种量为 2.3~2.5 千克，采用气吸式单粒机播种。

5. 播深和播种质量 播种深度 4~5 厘米，要求播行端直，接行准确，下籽均匀，深浅一致，覆土良好，镇压严密。

6. 播种方式 第一种方式如图 3-1 所示：行距配置 30＋60 厘米，株距 20 厘米，亩理论株数 7 407 株，亩保苗株数 5 900 株，亩收获穗数 5 500 穗。

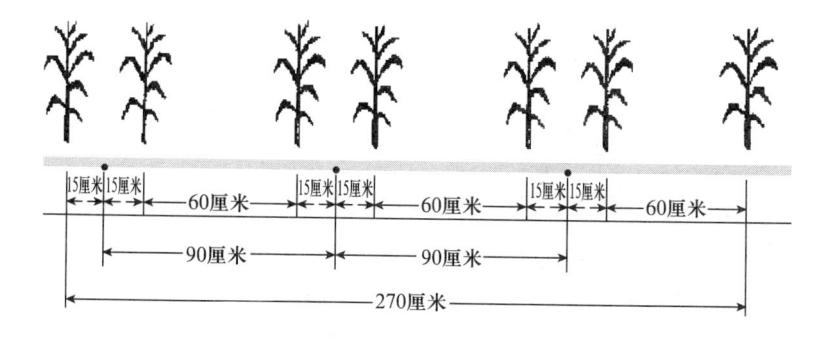

图 3-1 第一种播种方式

第二种方式如图3-2所示：行距配置50+60厘米，株距18厘米，亩理论株数6 734株，亩保苗5 500株，亩收获穗数5 000穗。

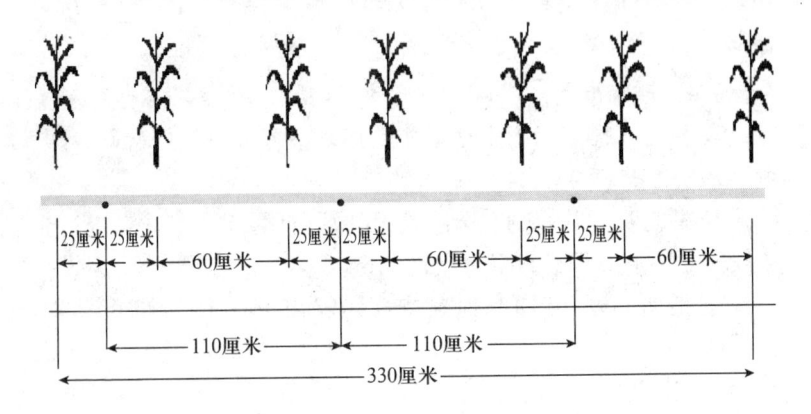

图3-2　第二种播种方式

3.3.3.5　田间管理

1. 苗期要及时定苗　做到出苗就开始定，2片叶时定完。

2. 施肥　按照800～1 000千克目标产量需肥指标，籽粒玉米全生育期需肥总量为纯氮23～24千克，纯磷7千克，纯钾5千克，$N：P_2O_5：K_2O=1：0.3：0.2$，折总标肥160～165千克。

施肥方式：20%氮肥和80%磷肥进行全层施肥（折尿素10千克，三料12千克），剩余80%的氮肥、20%的磷肥和100%钾肥随水滴施（折尿素40千克，60%磷酸二氢钾铵12千克）。

3. 灌水　籽粒玉米生育期灌水次数8～10次，灌水周期10天左右，灌水总量250～300米³/亩。当叶龄指数达60%（SC704展12叶）时灌第一水，头水应灌匀、灌足。

六月份：灌水1～2次，头水滴水量30～35米³/亩，施尿素8千克/亩，磷酸二氢钾铵1千克/亩。二水灌水量25～30米³/

亩，施尿素 5 千克/亩，磷酸二氢钾铵 2 千克/亩。

七月份：滴水 3～4 次，每次滴水量 25～30 米³/亩，共滴施尿素 20 千克/亩，磷酸二氢钾铵 6 千克/亩。

八月份：滴水 2～3 次，每次滴水量 20～25 米³/亩，共滴施尿素 8～9 千克/亩，磷酸二氢钾铵 3 千克/亩。

九月份：滴水 1 次，滴水量 15～20 米³/亩。

4. 化控 在玉米拔节前，用机车作业，亩施用矮壮素 250 毫升，达到控上促下目的，防止倒伏。在大喇叭口期，用飞机喷施玉米专用植物生长调节剂 250 毫升/亩，降低穗以下高度。当全田个别植株雄穗露头时，用飞机喷施玉米健壮素 30～40 毫升/亩，使穗位以上高度降低，减少秃顶。

5. 病虫害防治 玉米害虫：主要有玉米螟、地老虎、红蜘蛛。

具体防治方法：采用物理诱杀和药剂防治相结合。

地老虎防治方法：5 月初开始摆放糖浆瓶诱杀成虫，并做好收蛾、添浆工作；或使用具有内吸性作用的杀虫剂随水滴施。

玉米螟防治：在小喇叭口期，采用菊酯类农药或 3% 的呋喃丹 2 千克加细沙 5 千克投入喇叭口内防治。

红蜘蛛防治：重点加强苗期防治，可采用 24% 螺螨酯＋1.8% 阿维菌素；1.8% 阿维菌素；10% 浏阳霉素；20% 四螨嗪；15% 哒螨酮进行机车作业；后期选择具有内吸作用的杀螨剂随水滴入农田。

6. 适期收获 玉米收获期一般在蜡熟期收获。

3.3.4 育苗移栽玉米生产机械化技术体系

3.3.4.1 品种选择

选择高产、稳产、抗逆性强、品质好的玉米新品种丰禾 1 和先玉 335。

3.3.4.2 育苗场地

为了便于管理培养壮苗，育苗场地选择背风向阳的地块进行集中育苗。

3.3.4.3　营养土配制

大田土壤和充分腐熟的优质农家肥按 7：3 的比例配制，配好后过筛。每立方米营养土加 1 千克二铵，充分拌匀待用。

3.3.4.4　建棚规格

骨架全部采用玻璃钢骨架，使用年限 10～15 年，棚宽 8 米，长 12.5～40 米，高 2～2.3 米。

3.3.4.5　扣棚时间

采用哈塑料五厂生产的无滴、防老化棚膜在 4 月 15 日前扣好提温。

3.3.4.6　纸筒规格和装筒方法

可采用直径为 5 厘米，高 10 厘米的纸筒育苗，每个纸筒装土高度 6～7 厘米，土壤要装实，筒与筒之间要靠实，4 月 15 日前装好育苗筒，将苗床摆满。

3.3.4.7　苗床处理

育苗床在播种前 1～2 天必须浇透水，然后用 50% 的锌硫磷 800 倍液或呋喃丹、甲拌磷 5 克/米^2 防治地下害虫。同时每平方米苗床用 5～7 克敌克松或甲托进行床土消毒。

3.3.4.8　播种时间及方法

4 月 20 日开始播种，每个育苗筒摆放 1 粒发芽的种子，覆土厚度 3～4 厘米。

3.3.4.9　苗床温度管理

一是防低温，夜间气温低于 5 ℃需盖防寒物。二是防高温，白天气温高于 20 ℃，棚内温度超过 28 ℃时，要适时放风，防止烤苗或徒长。

3.3.4.10　苗床水分管理

苗出齐前一般不补水，一定要到缺水较重才能补水，一次性补足。

3.3.4.11　苗床除草及防病

草高 1~2 厘米时人工拔除杂草，玉米 2~3 叶期喷施一次 2 000 倍液可杀得溶液或 800 倍液甲托溶液防治根腐病。

3.3.4.12　移栽

移栽前一周要进行练苗，少浇水，加强通风让小苗逐渐适应外面环境，5 月 10 日以后，苗龄在 4~5 片叶时开始移栽，起苗时将大小苗进行分类，株距 33 厘米，先栽大苗，后栽小苗，移栽时要坐足水。

3.3.4.13　合理施肥

每亩施入腐熟的优质农肥 2 米^3、磷酸二铵 10~15 千克、硫酸钾 5~7.5 千克、锌肥 1 千克，结合整地做底肥施入，追肥时亩用尿素 15 千克、玉米专用肥 5 千克。

3.3.4.14　田间管理

1. 及时查田补栽　发现死苗的要及时坐水补栽。

2. 铲前深松　移栽后马上进行垄沟深松。

3. 病虫害防治

（1）黏虫防治。在 6 月中下旬，平均 100 株玉米有 150 头黏虫幼虫，达到防治指标，用菊酯类农药 300~450 毫升/公顷，加水 450 千克喷洒或人工捕杀。

（2）玉米螟防治。在玉米喇叭口期，每公顷用 BT 乳剂 2.25~3 千克，制成颗粒剂撒施喇叭口中或兑水 450 千克喷雾，或每公顷放置赤眼蜂卵卡 30 万防治。

（3）丝黑穗病、黑粉病。用 2% 的立克秀湿拌剂按种子重量的 0.4% 拌种，处理的种子播种深度以 2~5 厘米为宜。如出苗稍迟也能恢复。用 40% 卫福胶悬剂按种子重量的 0.5% 拌催芽种子，拌种要均匀一致。

（4）大斑病。在发病初期用 50% 多菌灵可湿性粉剂 500 倍液，每隔 10 天喷一次，喷 2~3 次。

（5）站秆扒皮晾晒。在玉米腊熟期，扒开玉米果穗包皮，促进玉米籽粒站秆降水，提高玉米质量。

（6）收获。收获标准见上一节。

3.3.5 制种玉米生产机械化技术体系

3.3.5.1 亲本

选定配合力高、抗病力高、产量高、遗传基因相对纯合，使双亲的各个优良性状都得以最大程度的发挥和互补，从而生产出高产、稳产、优质、生育期适宜抗病的良种。

3.3.5.2 隔离

1. 设置隔离区 玉米是异花授粉作物，为保证良种的纯度，必须设置隔离区，严防串花。

2. 空间隔离 自交系繁殖田四周 500 米以内不能种其他玉米。

单交制种区四周 400 米以内不能种其他（本组合父本除外）玉米。

双交制种区四周 300 米以内不能种其他玉米。

3. 时间隔离 制种田玉米播种期与邻近其他玉米田播种期错期应在 40 天以上，必须经过实验，确保两种玉米不在同期散粉。

4. 高秆作物隔离 在制种玉米田四周种植 100 行比玉米高的高粱、向日葵、麻类等作物。

5. 自然屏障隔离 利用山岭、村庄、果园、芦苇、成片树林等自然障碍作隔离。

3.3.5.3 土地选择

土地集中连片，地势平坦、灌溉方便、土层深厚，肥力较高且均匀一致，前茬不是甜菜、萝卜茬的地块。土地实行秋翻冬灌，施足底肥（有机肥 2～3 吨＋磷酸二铵 15 千克/亩～20 千克/亩＋硫酸锌 2 千克/亩）。

3.3.5.4 播种

1. 种子处理 亲本种子必须经优质、高效的种衣剂包衣，防治玉米苗期病害、地下害虫及玉米黑锈病等，种子由制种公司统一提供。

2. 父母本行数种植比例　在保证父本花粉充足的前提下，要多种母本行，具体比例根据父本花粉量和双亲的配合力，由制种公司制定。

3. 调节播种期　一定要保证父母本花期相遇。双亲的花期相同或母本花期比父本花期早 2～3 天，父母本可同期播种。双亲花期不同应先播花期较晚的亲本，隔一定天数再播另一亲本，要使母本吐丝期比父本散粉期提早 1～3 天，宁可母等父，不能父等母，具体播期按制种公司要求执行。

4. 地膜种植　采用机械铺膜播种，膜宽 70 厘米，厚 0.008 毫米，一膜双行点播，实行宽窄行种植，宽行 55～60 厘米，膜上窄行 38～42 厘米。

5. 种植密度　密度要以不同组合特性而定，一般紧凑型母本留苗 6 000 株左右，平展型亩留苗 4 500～5 000 株左右，父本留苗 1 000 株左右，播深 3～4 厘米。

6. 整地要求达到齐、墒、平、松、碎、净 6 字标准　采用联合整地机作业，切地不易过深，切地前喷洒除草剂、施田补或都尔。

7. 播种时间　当 10 厘米土层地温稳定通过 10 ℃以上时开始播种，适宜播种时间 4 月 10—25 日。

8. 播种质量　在高标准整地质量的前提下，铺膜要平，压膜要紧，播行要直，行距要匀，接行要准，下籽要匀，播深一致，覆土良好，镇压严实。严禁父母本错行、乱行、并行。

9. 播量　母本机械铺膜点播，每穴下籽 2～3 粒。父本机械点播或人工点播，每穴 3 粒，按花期相遇的要求分两期点播，每期比例及间隔天数按制种公司规定执行。父本行一定要做好标记（行两头各种几株其他作物）。

3.3.5.5　苗期管理

1. 播后查膜　播后及时检查，人工用土盖好播种孔和膜上破洞，压紧膜边，每隔 3 米压一条腰带，避免跑墒和大风揭膜。地头机械播不上的地方人工补齐。用软扫帚扫净膜上表土。

2. 防虫

（1）为减轻玉米螟的危害，在 5 月 1 日前以村为单位彻底处理所有的玉米秸秆，采用的方法有：焚烧、粉碎、机械碾压、集中密封。

（2）为减轻红蜘蛛的危害，对制种地块四周的田埂、渠边、路边、林带的长期闲置空地上认真喷洒杀螨剂，浓度大一些为好。

（3）为防止地下害虫和玉米丝黑铃病、瘤黑粉病，用玉米专用拌种剂进行拌种。

3. 破板结解放小苗　播种后出苗前如遇降雨，天晴后必须及时破除膜上板结，以利于种子出苗。出苗时，人工把错位和出土困难的小苗解放出来。

4. 查苗补父　父本保苗率至少要达到 95％以上，缺苗处一定要尽快补种。有条件的可以移栽原父本的苗子。母本行不论缺苗多少，一株也不准移栽和补种。

5. 中耕　出苗显行既可中耕，以利松土、促根、增温、保墒、灭草。中耕 2～3 次，宽度以不伤苗为准，深度一次比一次深。

6. 间、定苗

（1）3 片叶时间苗，4 片叶时定苗，一穴留一株，杜绝留双苗。

（2）母本间定苗时，要求拔掉特大苗（旺苗）、小苗、弱苗、病苗、扁茎苗、异形苗，留中间大小一致均匀的苗。

（3）父本间定苗时，要求拔掉特旺苗、病苗，留大、中、小不一致的苗。

7. 打叉　玉米基部长出的边叉要及时人工打掉。

8. 叶面追肥　第一次亩喷磷酸二氢钾 100 克＋硫酸锌 50

克＋尿素 100 克。隔 7～10 天第二次亩喷磷酸二氢钾 200 克＋硫酸锌 100 克＋尿素 100 克＋过磷酸钙 500 克（热水化开澄清）。

3.3.5.6　中期管理

1. 揭膜　人工用铁锹翻松膜边土，将膜揭掉、拾干净，全部拿出地外。

2. 开沟追肥　头水前用机械开沟追肥，注意不要伤根伤苗。亩追施磷酸二铵 8～10 千克（或三料）＋尿素 10～15 千克。第二次在 7 月中下旬，人工追尿素 10～15 千克。

3. 浇水　浇水 5～6 次。头水应在 6 月 10—15 日开始，以后应视土壤水分情况每隔 10～15 天浇水一次。8 月 15 日左右停水。

4. 治虫

（1）玉米螟防治。6 月上中旬在玉米喇叭口期人工用呋喃丹或杀螟粒灌心，一株不能漏。

（2）红蜘蛛防治。用机动喷雾器从父本行向两边喷专性杀螨剂两次，间隔 5～7 天。

（3）叶蝉、蚜虫防治。虫害发生较重时喷洒杀虫剂防治。

3.3.5.7　田间去杂、去劣

田间去杂、去劣是保证种子纯度的关键，拔掉杂、劣株一定要严格认真，绝不能吝惜，要求进行三次。第一次结合定苗拔掉长相、叶色、叶形、鞘色、茎基不同的杂株。第二次与头水后拔掉株形、株高、叶片宽窄、伸展角度不同的杂株。第三次抽雄前拔掉长相与亲本有差异的杂株。到收获后脱粒前还要淘汰穗型、粒型、粒色、轴色不同的杂穗。每次去杂必须经制种公司技术人员检验认定。特别是父本杂株必须在散粉前一株不留地拔尽。

3.3.5.8　母本去雄

母本去雄是玉米制种工作的中心环节，在母本雄穗打苞未出穗前，带 1～2 片叶及时、干净、彻底拔除雄穗，不留分枝。必须坚持每天去雄，做到风雨无阻，一株不留全部抽干净。注意不

要折断植株。抽下的雄穗装袋子带出制种区挖坑埋掉。抽雄结束时尚未打苞的小苗应连株拔掉。彻底清理。抽雄工作要经制种公司技术人员检验认定。

3.3.5.9 预测花期及时补救

对生长慢的亲本偏水偏肥加强管理，促进发育。对生长快的亲本要适当控制，必要时采取剪叶、剪花丝、断根等方法抑制发育。

3.3.5.10 人工辅助花粉

为保证制种田达到高产，必须采取人工辅助授粉。在晴天上午 11 时左右花丝上的露水已干时，人工拿杆子敲打父本植株或在父本行边用手摇动每一株父本使花粉落到花丝上自然授粉，以提高结实率，减少秃尖缺粒。

3.3.5.11 父本

在母本授粉结束后，把制种田内的所有父本一株不留地从根部砍掉，拉回去做饲料。砍父本的作用：一是防止收获时父母本混杂；二是增强制种田通风透光；三是可以增加边际效益提高种子产量；四是方便后期病虫害防治；五是有利于降低种子水分，提早成熟；六是便于收获。

3.3.5.12 晾晒、穗选、脱粒、交售、精选包装

1. 晾晒 当茎叶变黄，子粒硬化时便可收获，把苞叶撕开，除净花丝，搬下果穗，及时拉运到场上晾晒，厚度不能超过两个棒子厚度，每天翻动 1～2 次。如遇阴雨天要归堆盖好，雨停天晴时及时摊开。

2. 穗选 脱粒前要把穗型、粒型、粒色、轴色不同的杂穗拣出来。并把秕粒、霉变、虫吃、鼠咬，未成熟的籽粒剔除干净。

3. 脱粒 经制种公司技术人员检查穗选合格，水分降至 16％以下才能脱粒。清扫脱粒场地，晾晒时脱落的种子一定清除干净。脱粒后继续晾晒，晾晒厚度不超过 3 厘米。

4. 交售 籽粒晒干、扬净,经制种公司技术人员检查,水分降至 13% 以下,才能装袋,袋内、袋外写好标签,制种公司与农民双方当场封口、过称、填写交种通知单,交售的种子严禁掺杂使假。

5. 精选包装 制种公司收回的种子还要通过精选,除去破碎粒、小粒。经过室内严格检查,纯度、净度、发芽率、含水量等达到国家农作物种子分级标准后,方能精量包装、调运、储藏、销售。

3.4 甜菜生产机械化技术体系

3.4.1 常规甜菜生产机械化技术体系

3.4.1.1 环境

应符合 NY 5332 的规定,选择在生态条件良好,远离污染源,并具有生产能力的农业生产区域。

3.4.1.2 选地、选茬与整地

1. 选地 选择耕层深厚疏松、土质肥沃、排水保水性能良好,水肥供应适宜的地块。

2. 选茬 以小麦和马铃薯茬为最好,其次为玉米和豆茬,要求 5 年以上轮作,禁忌五年内重迎茬种植。

3.4.1.3 品种选择及种子处理

1. 品种选择 根据本地区生态特点,选择适宜当地气候条件的高产高糖抗病质佳的优良品种。如土质较好的地块可选用甜研 303、304、307、309。土地瘠薄,有机质含量低的地块选用二倍体的甜研 7 号、8 号。品种标准:多倍体多芽种芽率≥68%,净度≥98%,种子水分≤14%,纯度 99%。遗传单粒种芽率 90% 以上、净度≥99%,水分≤14%,千粒重大于 10 克,单粒率≥90%,纯度 99%。二倍体甜菜芽率在 78%,净度 99%,水分≤14%。

2. 种子处理 播前拌福美双等符合 GB4285、GB/T 8321 要求的农药，100 千克种子用 50％的福美双 500 克。

3.4.1.4 施肥

1. 施肥原则 应充分满足甜菜对各种营养元素的需求。提倡采用平衡施肥和营养诊断配方施肥，有机肥、化肥、微生物肥料相结合，不应使用未经国家有关部门批准登记的商品肥料产品。禁止使用含有重金属和有害物质的城市生活垃圾、工业垃圾、污泥和医院的粪便垃圾。经无害化处理后，达到 GB8172 规定的城市垃圾和达到 GB4284 规定的污泥可作基肥。

2. 有机肥 每公顷施无害化处理的农家肥 37.5～45.0 吨，一般以生产 1 吨块根施用 1 吨农家肥为宜。

3. 施用方法

（1）基肥。秋起垄时于垄地分层施入、一般为施肥总量的 2/3，深度 7～15 厘米。施肥应符合 NY/T496 的要求，直播地块公顷施 N、P、K 纯量总量 150 千克，纸筒育苗移栽地块每公顷施 N、P、K 纯量总量 180 千克，N、P、K 肥料以尿素、磷酸二铵和硫酸钾为宜，其中尿素与硫酸钾最好在起垄夹肥时分箱一次施入，二铵留 20％～30％做种肥。

（2）种肥。垄作机播及人工穴播随播随种时施入磷酸二铵 60 千克/公顷及符合 NY/T496 要求的肥料，育苗移栽地块二铵一次性施入。

（3）叶面肥料。针对苗期及中期长势进行全生育健身施肥，叶面喷施磷酸二氢钾和以微量元素 Cu、Zn、B、Mg 为主的符合 NY/T496 要求的肥料，7 月中旬叶丛繁茂期喷施无毒增产增糖调节剂（丰田液体肥、钛肥、高美肥、喷施宝等），提高产量及含糖率。

3.4.1.5 播种

1. 播期

（1）直播播期。依据当地气候条件，当早春连续 5 天，5 厘米土层平均地温稳定通过 5 ℃时即可播种。新疆适宜播期为 4 月末至 5 月上旬。

（2）纸筒育苗播期。育苗时期主要依据当地的气候特点、幼苗的生长情况和农时节气确定。正常年份、黑龙江省育苗期为 4 月 5—15 日；育苗时间确定后，要在 5 天内结束育苗工作。

（3）地膜覆盖播种期。播期一般比当地正常直播期提前 3～4 天为宜。

2. 播法与密度

（1）小垄栽培。垄距 60～70 厘米，公顷保苗 7 万株，密度配置 65 厘米×22 厘米×1 行或 70 厘米×20.5 厘米×1 行。

（2）大垄双行栽培。垄距 105 厘米，公顷保苗 7 万～8 万株。密度配置 105 厘米×28 厘米×2 行或 105 厘米×23.8 厘米×2 行。

3. 播量与播深

（1）人工穴播。多芽种，芽率≥68％，每公顷播量 15～18 千克。

（2）机械播种。多芽种，芽率≥75％，公顷播量 7.5～10.5 千克，机械精密播种，单芽种，芽率≥95％，每公顷播种 2～3 千克。

（3）纸筒育苗。采用遗传单胚种，芽率≥95％，每单筒一粒覆土 1 厘米，不包衣单胚种公顷用种量 1.0 千克。

4. 播种质量要求　甜菜种球小，必须在整地精细条件下严把播种质量关，做到播后覆土严密，深浅一致，尽量采用精量点播机，机械播种粒距均匀，播种镇压后保持覆土 3 厘米左右。

3.4.1.6　田间管理

1. 苗期管理

（1）直播后的苗期管理。重点是及时破除土壤板结层，改善土壤通气状况，减少土壤水分蒸发，降低甜菜立枯病发病率；提高地温，人工除草，4～6 片叶时选留叶色纯正的健壮苗定苗。

（2）地膜覆盖苗期管理。关键是及时开孔放苗，一般幼苗距膜 1 厘米时开孔放苗，并做到及时定苗。

（3）纸筒育苗苗期管理。重点在苗棚内的苗期管理，以培育壮苗为目的，关键环节是控制苗棚的水分和温度。

① 水分管理。播种后一次浇透水，每册纸筒 10～12 千克，使床土含水率达 25%～30%。幼苗子叶期床含水率控制在 20%左右，以后逐渐控制在 18%左右为宜，这样利于蹲苗促进根系生长。

② 温度管理。播种至幼苗出土，白天棚温控制在 25～30 ℃，夜间不低于 5 ℃；幼苗子叶期（播后 9～14 天）白天棚温 15～18 ℃，夜间 3～5 ℃；一对真叶期（播后 15～25 天），白天 15 ℃，夜间 0～3 ℃；4 片真叶时炼苗，以适应室外温度，增强抗逆能力。

③ 移栽技术。根据当地温度，土壤墒情，苗龄等技术指标确定移栽期，并严把移栽质量关。

2. 中耕除草 深松一遍、中耕三遍，第一遍深松定苗前进行，最后一遍中耕封垄前完毕。

3. 病虫害防治 坚持以防为主，人机药综合防治为辅的植保工作方针。使用高效、低毒并对人、畜及后作安全的农药，立枯病、跳甲等病虫害通过种子处理及苗期喷药防治，用药应符合 GB/T8321 的要求。不应使用未经国家有关部门登记和许可使用的农药，禁止使用剧毒、高毒、高残留或致畸、致癌、致突变的农药，例如褐斑病防治主要在 7 月中上旬，用 50%多菌灵可湿性粉剂≤375 克/公顷或 70%甲基托布津可湿粉剂≤525 克/公顷（或 40%多苗灵胶悬剂）1.5 升＋米醋 1.5 升＋磷酸二氢钾 2.5～3.0 千克/公顷混合喷雾。

要采用符合国家标准要求的器械，保证农药施用效果和使用安全。

4. 甜菜的后期管理

（1）控制后期大草发生，提高光能利用率。

（2）对覆膜移栽的地块要适期揭膜，一般在甜菜出苗后 50

天左右揭膜较适宜。

（3）保护叶片，严禁掰叶，确保丰产高糖。

3.4.1.7　收获

1. 甜菜达工艺成熟期，气温降到 5 ℃时开始收获。

2. 实行挖掘、捡拾、切削、集堆、连续作业，减少块根水分散失。

3. 采用一刀切与多刀切相结合。一刀切是在根冠着生子叶的第一排叶痕上 1.5 厘米处，一刀平切、削掉甜菜叶丝，并除掉根头周围干枯柄和直径 1 厘米以下尾根；多刀切是从甜菜根头部第一排叶痕处向上斜切 5～6 刀，切削厚度以 2～3 毫米为标准，根头微露白。

4. 整个收获做到四随一防，即随起随削随埋随送，防止冻化甜菜。

5. 做到单收、单送、单独加工。

3.4.2　地膜甜菜生产机械化技术体系

3.4.2.1　栽培技术规程

1. 选地、整地、备膜与基肥

（1）选地。选择有机质含量高，最好是 5 年内未种过甜菜的地块。

（2）整地。秋翻地：上翻 20 厘米左右，用松土铲下松 10～15 厘米，若无松土铲要翻地 25 厘米。

（3）备足农膜和肥料。农膜：一定要买新农膜，幅宽 65 厘米左右，每亩地需 5～6 千克。基肥：以农家肥为主，化肥为辅，氮、磷、钾配合施用。亩施农家肥 3 000 千克，硝铵 20 千克，二铵 10 千克，硫酸钾 20 千克；或亩施农家肥 3 000 千克，尿素 18 千克，过石 20 千克，硫酸钾 20 千克。

2. 精选良种

（1）按国家标准精选良种。

（2）选标准偏高糖型品种，以"基甜 1 号"、"甜研 301"为主。

3. 种子处理

（1）闷种。用 800 毫升甲基硫环磷兑水 20 千克，喷到种子表面搅拌均匀，闷种 24 小时。

（2）拌种。敌克松 700 克碾碎掺细土拌入种子中。

4. 播种覆膜

（1）播种。4 月 10—15 日播种，每亩播种量 1～1.3 千克，先搂去垄上的干土，后按株距刨坑，坑深 8 厘米左右，每坑播 3～4 粒种子，播后镇压，再覆土，覆土深 3～4 厘米，留 3～4 厘米的洼面，以防烧苗、死苗。

（2）喷药覆膜。播种后喷除草剂，用 75% 的杜尔溶液 150 毫升兑水 50 千克于覆膜前喷在垄体表面上。喷药覆膜连续进行，覆膜要求铺平、拉紧、压实。

5. 护膜　经常到田间检查地膜有无破损或被大风掀开，若发现应用土压好。

6. 破膜引苗　在田间有 50% 的苗已出现一对真叶时破膜。破膜后不立即引苗，先炼苗 24 小时，同时用 0.04% 除虫精粉，每亩 2～2.5 千克撒施，以防治金龟子、象鼻虫、二条跳甲，同时进行间苗。

7. 查苗补苗　苗引出后，由于环境条件变化或引苗技术损苗或缺乏养分枯死的，要进行查苗补苗，从邻近取苗或搞纸筒育苗补苗。

8. 除草　对膜内杂草压土，对两垄之间沟里的杂草进行中耕。

9. 揭膜　7 月中旬，甜菜封垄时，进行除膜，把膜带出田间。

10. 追肥中耕　追硝铵每亩 15 千克。中耕的目的是除草松土、掩埋肥料和使根头小。

11. 防治病虫　用甲胺磷防治草地螟、甘蓝夜蛾，用多菌灵防治褐斑病。

12. 喷施增糖剂 在 8 月末糖分和块根的增长期，喷"增糖2 号"800～1 000 毫克/千克。

13. 收获 地膜甜菜比直播甜菜早熟 7～10 天，应适时收获，收后及时送交收购部门。

3.4.3 育苗移栽甜菜生产机械化技术体系

3.4.3.1 纸筒育苗甜菜移栽技术

育苗是将甜菜种籽提前播入装满床土的特制育苗纸筒在育苗棚内进行育苗，通过适宜的水分、温度、营养、光照培育出具有增产、健壮的甜菜幼苗。

（1）纸筒育苗用纸筒每亩地需用 4 册，每册纸筒由 1 400 筒组成，展开后长 116 厘米，宽 30 厘米，单筒直径 1.9 厘米，高15 厘米。一般按 90％的利用率计算，即可保证合理的栽植密度。

（2）墩土板及其他育苗工具、铁锹、秤、温度计、喷扫帚、筛子（8 毫米筛孔）、水桶、土筐等。

（3）种籽要使用经过磨光处理并精选之后，发芽率在 90％以上，发芽势在 70％以上的单粒种籽。

（4）育苗场地应选择在通风向阳，地势平坦，地下水位排水良好，管理方便，不易被家禽、家畜危害的地方。避免在树下、坑洼处、冻地上育苗，每亩育苗占地 2 米²。

（5）育苗用土要选择有机质含量高、肥沃的耕层表土，是五年以上没种过甜菜的麦茬、玉米茬、亚麻茬等地块，取土壤质地要壤土或砂壤土，土壤含水量在 18％～20％左右（用手团，自然落地后能散开）的土。土壤酸碱度以中性为好 pH 6。

（6）严禁用黏土、砂土、碱土、生土、喷过杀草剂的土及过甜菜根腐病、甜菜丛根病的土。

（7）农家肥以发酵腐熟好羊粪最好，也可用腐熟好的其他肥，严禁用生粪，每亩（过筛后）需 50～60 千克。

（8）化肥使用粉碎的磷酸二铵粉，每亩用0.8千克。

3.4.3.2　装土与墩土

两人把拉板穿入纸册的横带内轻轻拉开，展开纸筒。每个单筒呈正立边形，固定在墩土板上，然后把配好的床土分三次装入纸筒，进行墩土，第一次装纸筒高1/3，每装一次墩3～5次，每册必须达到装满墩实，纸册边缘的筒不要有空筒或半截筒，挤扁的筒要用木棒撑开装土。墩土时，两人动作要协调一致，最后用拉板刮平纸筒上面多余的土，露出纸筒边缘（便于播种）。移至苗床处，纸册之间要挤紧放平，排列整齐，高低一致（如有空隙可用苗床土填平），最后将纸筒四周培土，宽15厘米，高1 820厘米，周围要踩平踏实，便于保水。

3.4.3.3　浇水

每册纸筒浇水30千克，水温以15～20℃为宜。第一次浇水必须浇透、浇匀，以达到单筒随机抽出。浇水分三次进行，最后一次浇水加入敌克松2.5克/册（防治苗期立枯病），溶解后用喷均匀的浇到纸册上。

3.4.3.4　播种、覆土

根据本地气候，纸册浇完水后，在3月25日至4月5日播种，每筒播1粒种籽，播深要以0.8～1厘米为宜，播种达到不漏播、不重播，确保播种质量，提高纸筒利用率，整床播完后，覆盖营养土，然后四周整理培土，清扫床面，使纸筒清晰可见，用喷壶喷水接墒。

3.4.3.5　扣棚

用竹片和棚膜搭建小弓棚。每亩弓棚搭架用3.5～4厘米长的竹片3根，架间距离50厘米，棚高1.2米，并横架三道径，将竹片固定死，然后扣棚膜。要将棚膜拉紧，埋入土中压实。为防止大风吹开，吹坏棚膜，可在棚膜上拉几道细绳子，起固定棚架作用，每棚育苗5～8亩为宜。有条件的也可以搭建塑料大棚。

3.4.3.6　苗床管理

苗床管理的重点是防止幼苗受冻、烧苗或徒长。温度湿度管理：出苗前，未浇足水的苗床补浇 15～20 ℃的温水，保持床土湿度。出苗后，严格控制浇水，以不萎蔫不浇水为原则，促进幼苗根系发育，培育壮苗，提高幼苗移栽成活率。揭盖苫盖物：播种后到第一对真叶展开时，每日下午 5 时用草帘或纺织布将弓棚盖好，次日 8 时揭开。

3.4.3.7　移栽

移栽是将已育成的健壮幼苗从育苗棚中移出，栽植到田间的过程。这是甜菜纸筒育苗移栽的又一个关键环节。移栽质量好坏，直接影响甜菜产量与经济效益的高低。因而，在技术措施上比直播甜菜有较高的要求。

1. 移栽时间　一般在苗龄达到 30～35 天就可以往大田里移栽。平均气温恒定在 10 ℃时为适宜的移栽温度指标，最佳移栽时间为 4 月 28 日至 5 月 5 日，最晚不得迟于 5 月 10 日，推迟移栽会引起大幅度减产。

2. 移栽前的准备

（1）选地、选茬移栽田。要选择土层深厚、土质肥沃、有机质含量较高的平川地、平岗地或排水良好的二洼地，最好五年以上轮作，前茬以小麦、玉米、亚麻、大豆（害虫基数少的）为好。移栽密度：为建立高产的群体结构，要达到 4 300～4 400 株/亩，即行、株距要求 60 厘米×25 厘米、66 厘米×23 厘米、70 厘米×22 厘米。

（2）移栽方法主要有五种。①移栽器移栽：两人一组，一人操作移栽器，一人投苗，待拔出移栽器后，纸筒苗落入穴中，然后培土，以不露空隙为准。②扎孔移栽：用铁引锥或木棒扎与纸筒相同深度的眼，将纸筒苗放入眼内，埋土压严。③刨坑移栽：用铁锹或镐刨坑，将纸筒苗埋入坑内。④开沟移栽：用犁开沟，将纸筒苗直立摆放在未伐土的硬边一面，并撒入肥料，用铁耙将土搂入沟内，把苗埋好压实。⑤铁锨移栽：用铁锨插入土中，将纸筒苗放入缝的一侧，抽出铁锨后用脚踩实。

（3）移栽质量。移栽时应保持纸筒上缘与地面相平，达到不窝根，不上吊、不下窖、不坏筒、不伤根。培土要实，将苗栽直、栽正，以地面看不到纸筒为好。

（4）浇水可采用拉水浇，每穴 0.5～1 千克水，如移栽时，土壤湿度大，还可少浇，利于及时缓苗。

3.4.4　滴灌甜菜生产机械化技术体系

3.4.4.1　土壤准备

甜菜是深根、喜肥作物，适于在排水良好、土质肥沃、地势平坦的土地生长。地下水位高的低洼地由于渗水性差、排水不良、土壤通透性差，容易导致甜菜立枯病和根腐病的发生。甜菜根体肥大，生物产量高，对土壤理化特性要求严格，因此，甜菜应选择土壤结构疏松、有机质含量高、速效养分含量高、pH 中性或微碱性的土壤（pH 6.5～7.5）种植。甜菜耐盐碱，土壤为轻盐渍化时（含盐 0.1％～0.3％）能正常生长；土壤含盐 0.3％～0.6％时生长受到抑制；土壤强盐渍化时（含盐 0.6％～1.0％）会抑制生长。黏重土壤、贫瘠、保水性差的砂土或沙砾土不宜甜菜栽培和生长。

甜菜忌重茬和迎茬，前茬最好种植麦类、豆类、绿肥、瓜果等。甜菜生产上应进行合理轮作，一般采用 4 年以上轮作，丛根病、根腐病严重的地区实行 6～8 年以上轮作。甜菜前茬以小麦为宜，其次是玉米和马铃薯等。滴灌甜菜应实行秋耕冬灌，要求耕层 28～30 厘米。灌后及时整地。早春精细整地，要达到墒足、地平、地净、土细。秋季深翻前全层施入腐熟有机肥 2～4 吨/亩。亩基施尿素 15～20 千克、三料磷肥 10 千克或磷酸二铵 15～20 千克。基肥施用量占施肥总量的 70％～80％。黏性土壤基肥比重稍大一些，沙性土壤保肥力差，基肥比重稍小。

3.4.4.2　播种

1. 品种选择　选择高糖、高产品种。目前，使用的品种有s2409、s5075、BEAT356 等。

2. 种子处理　一般用福美双或敌克松进行拌种，用药量为种子重量的 0.8%；或用福美双与土菌消 1∶1 混合剂拌种，用药量为种子重量的 0.8%，可防治甜菜立枯病。用 35%甲基硫环磷乳油闷种，用药量为 1 千克甲基硫环磷兑水 50 千克，与 50 千克种子混合均匀后闷种 24 小时，风干后播种，可防治甜菜象鼻虫。在有条件的地方也可使用包衣种子。

3. 播种期的确定　甜菜全生育期的最适积温约 3 000 ℃，如果达不到 2 600 ℃积温就不易获得丰产。当早春连续 5 天地表 5 厘米土壤日平均温度达 5 ℃以上即可播种。墒度较差的地块可采取干播湿出方式，以保证田间出苗率。

4. 播种方式　采用 3 膜 12 行膜上穴播方式，膜宽 1.45 米，1 膜 4 行，行距 30 厘米＋60 厘米＋30 厘米，株距 21～23 厘米。或采用 3 膜 6 行膜上穴播，膜宽 80 厘米，采用 60 厘米等行距，或 50 厘米等行距机收模式。播种时滴灌带（毛管）与地膜同时安放在播种机不同的架子上，滴灌带在前，地膜在后，在铺膜的同时膜下铺设滴灌带。甜菜种子的拱土能力弱，一般播种深度 2.0～2.5 厘米为宜，深度超过 5 厘米时很难出苗。播种时要求下籽均匀，深浅一致，覆土良好，接行准确，播行端直，不漏播，无浮籽，无断条。为保证甜菜出苗率还可采用双膜播种方式，底膜厚 0.008 毫米，上膜可用 0.004～0.006 毫米的地膜。

3.4.4.3　田间管理

1. 揭膜和定苗　采用双膜覆盖播种的甜菜，当全田出苗率达 80%以上时开始揭膜，否则易烫苗。地膜甜菜一般 1 对真叶时开始定苗，2 对真叶时结束；若当年苗期虫害严重，可以推迟到 2 对真叶开始定苗，3 对真叶时定苗结束。要求按保苗株距留苗，留壮苗，去病苗、弱苗，要求留苗均匀、整齐、无双苗。

2. 中耕除草 甜菜生育期一般进行 3 次中耕除草，中耕除草前 10～15 天停止灌水。

3. 病虫害防治

（1）立枯病。甜菜立枯病是甜菜苗期的主要病害，也称猝倒病，大面积发生时，常造成田间缺苗严重，甚至毁种。一般甜菜种子发芽到幼苗 3 对真叶期易开始发病，2～4 片真叶时发病最重。发病症状：①幼苗还未出土即腐死；②子叶期胚轴变黑、变细而枯死；③真叶发出时枯死。发病条件：土壤低温、高湿或气温低时发病严重。防治方法：①药剂拌种：每 100 千克种子用 0.8 千克的 50％福美双或 95％敌克松可湿性粉剂拌种或用 5％菌毒清水剂 300 倍液浸种 24 小时，风干后播种；②合理轮作：以禾谷类作物为前茬最好，不用菜茬，杜绝甜菜重茬、迎茬；③加强田间管理，培育壮苗，提高作物抗病力。

（2）甜菜褐斑病。发病症状：最初在叶片上出现褐色或紫褐色小圆点，并逐渐扩大为直径 3～4 毫米的病斑。病斑外缘呈红褐色。后期褐斑中央出现灰白色霉层，空气潮湿时更明显，病斑中央叶片薄，易碎。发病后期病斑逐渐连片，叶片最后干枯死亡。发病条件：当平均气温在 15 ℃以上，连续 2 天以上降雨，相对湿度超过 70％时，地表病叶开始产生孢子。之后遇雨开始发病。苗期和新叶基本不感病，长出 15 片真叶后易感病。防治方法：①选用抗病性品种；②严格实行 4 年以上轮作；③彻底清理田间病残茎、叶；④药剂防治：用 50％托布津可湿性粉剂 1 000 倍液、75％百菌清可湿性粉剂 250～400 倍液或 50％多菌灵可湿性粉剂，发病初期及时喷药，连续喷药 3～4 次。

（3）甜菜丛根病。甜菜丛根病是近年来世界各地均有发生的一种甜菜病毒病害，7—8 月份为发病盛期。

发病症状：①叶片黄化，植株矮化；②叶脉黄化坏死；③叶片出现环状褐斑，最后全叶变黑枯死；④叶片正常，但白天萎蔫，夜晚或雨天恢复正常。根部主根维管束变褐色，主根从下向上腐烂。不发生腐烂的块根从侧根处丛生大量胡须状细根，根的横切面上可看到中柱及维管束由黄色逐渐变成褐色。发病条件：温度过高或湿度过大，甜菜重茬、迎茬易引发此病；在 pH 6.2以上的中性或偏碱性土壤种植易发病。防治方法：①选取抗、耐性品种；②延长轮作作物栽培周期，发病区轮作可延至 8～10 年以上；③选择有效磷、硝态氮含量低的地块种植；④及时清理田间病残株；⑤增施有机肥及过磷酸钙等生理酸性肥料，降低土壤 pH。

（4）甜菜象甲。危害：成虫咬食甜菜子叶和幼小真叶。发生严重时，造成田间缺苗，甚至毁苗。发生规律：甜菜象甲每年发生 1 代。5 月初起向甜菜地迁移，食害甜菜子叶及真叶。6 月中旬至 8 月上旬为幼虫发生和为害盛期。防治方法：①种子处理：用 35％大扶农种衣剂按药剂：种子：水配比为 1：50：25 的比例拌种；②田间用菊酯类农药进行叶面喷施。

（5）地老虎。危害：1～2 龄幼虫从甜菜叶丛心叶开始取食为害；3 龄后入土，白天潜伏在根部周围表土下，夜间咬食植株幼苗。发生规律：分布最广、为害最重的小地老虎一般 1 年发生 2 代，以第 1 代幼虫危害严重。防治方法：①消灭田间杂草，及时秋翻地，消灭虫源；②适时早播，可减轻地老虎危害；③药剂防治：亩用 75％～80％敌百虫粉剂 170 克与米糠混合，在 0.8千克水中加入粗糖 160 克、醋 25 毫升、白酒 30 毫升混匀，将两种混合物混拌后撒施。

（6）甘蓝夜蛾。危害：甘蓝夜蛾是甜菜生长期的主要害虫，以幼虫取食甜菜叶片。严重年份不仅吃光片叶，还啃食叶柄和根头。发生规律：1 年发生 2 代。第 1 代幼虫发生盛期在 6 月下旬至 6 月上旬；第 2 代发生盛期为 8 月下旬至 9 月上旬。一般第 2代幼虫发生和危害较第 1 代严重。防治方法：①做好虫情预测：

调查第 1 代越冬蛹的密度，当 1 米² 达到 0.5 头或成虫发生期每台诱蛾器幼蛾数达 300 头以上时，及时进行防治；②药剂防治：当田间 90％以上卵孵化，幼虫多为 2～3 龄时，是喷药的最佳时期。可用 2.5％溴氰菊酯 2 000～4 000 倍液、20％除虫菊酯或 20％杀灭菌酯 2 000～4 000 倍液喷雾防治。

3.4.4.4 收获

甜菜最佳收获期是 9 月下旬到 10 月上、中旬，此时块根重量和含糖率均达到最高水平。收获前应及时回收滴灌带，清除田间地膜，以利于甜菜的机械收获。图 3-3 所示为引进的法国产大型切缨、挖掘自走式甜菜联合收获机。

图 3-3　自走式甜菜联合收获机

3.5　加工番茄生产机械化技术体系

3.5.1　选地与茬口

1. 选地　选择土层深厚，有机质含量较高，中性偏酸性（pH 6.8～7.5），保水保肥力强，通气透水性好的沙壤土、壤土为宜。

2. 茬口　前茬以豆类、瓜、小麦、休闲、绿肥茬口为宜，不与茄科植物如番茄、辣椒等作物重茬。

3.5.2　茬灌

茬灌时间一般从 9 月 20 日开始至 10 月初结束，灌水量 60～70 米^3/亩。

3.5.3　基肥与整地

结合犁地亩施三料过磷酸钙 12 千克，尿素 10 千克。施肥后立即犁地，耕深 27～30 厘米。犁后平整土地，达到待播状态。

3.5.4　种子处理

播前进一步搓掉种子上的茸毛。拌种每百克用 70% 甲基托布津可湿性粉剂 1.5 克拌匀待播。

3.5.5　化学除草与耙地

播种前每亩均匀喷施金都尔 50～70 毫升/35 千克水，喷后及时耙地，耙深 3～3.5 厘米，耙后晾晒 48 小时以上再播种，以防产生药害，影响出苗。

3.5.6　播种方式

采用膜下有压滴灌栽培，膜上点播。机械布置滴灌带、铺膜、压膜、膜上点种、覆土作业一遍完成。

3.5.7　株行距配置

1. 一膜两行　一机三膜宽窄行配置。地膜宽 70 厘米，一膜一管。行距 30 厘米，株距 25 厘米，背垄行 120 厘米，理论株数 3 500 株/亩，适用于匍匐品种。可实行人工和机械采收。

2. 一膜四行　一机四膜宽窄行配置。地膜宽 115～120 厘米，一膜一管。行距 20 厘米＋30 厘米＋20 厘米，株距 20 厘米，背垄行 80 厘米，理论株数 8 880 株/亩，适用于直立品种。可实行人工和机械采收。

3.5.8　品种选择

选择适用品种，注重早、中、晚熟品种搭配，实现均衡供应。

3.5.9　播种

1. 种子质量　达到国家标准。

2. 播种期　当 5 厘米地温连续 5 天稳定在 10 ℃以上时开始试播，一般年份，4 月 10 日开始播种，4 月 20 日前播完。

3. 播种量与播种深度　膜上点播每亩用种量 80 克，每穴播种 5～6 粒，播种深度 2 厘米，膜上覆土 1 厘米左右。

3.5.10　田间管理

1. 查苗、补种补墒　播种结束后，及时查苗补种。播后土壤墒度达不到出苗所需时应及时滴水补墒。

2. 破板结，解放苗　若出苗前遇雨，播种穴覆盖土会结成硬壳，雨停后在适墒时人工用破壳器顺播种行进行碎土破壳作业，解放幼苗出土。

3.5.11　定苗与幼苗管理

1. 定苗　两片真叶定苗，3 片真叶结束。每穴留一株，缺株移栽补苗，当即点水缓苗。

2. 中耕　前期中耕一次，深度 14 厘米左右。中耕后膜上全面覆土，防草防病。初花期再中耕一次。

3. 灾害预防　遇低温多雨防病：喷雾氢氧化铜 1 000 倍液预防细菌性斑疹病。

4. 蹲苗　头水前，依据长势适当蹲苗。早熟品种蹲苗至 5 月底至 6 月初；中熟品种蹲苗至 6 月初至 6 月中旬；晚熟品种蹲苗至 6 月中旬后。

3.5.12 生育期滴灌供水

蹲苗后滴第一次水，滴水量 25～30 米³/亩。第一水后至 50％植株的主茎第一花序果实红熟期，每间隔 10 天左右滴一次为宜，每次地水量 20～25 米³/亩。在盛果期遇降雨需延迟滴水。早熟品种在采收第一遍后及时滴施肥水，防止早衰。使用 30 厘米滴头间距且 2.1～2.4 升/小时滴量的，滴水 5～8 小时，使用 40 厘米滴头间距且 2.1～2.4 升/小时滴量的，滴水 8～10 小时。生育期滴水次数早熟品种 6～7 次，中熟和晚熟品种 8～10 次，总滴水量 210～260 米³/亩。

3.5.13 生育期施肥

1. 基肥和追肥运筹 根据番茄的需肥规律和本地土壤养分状况，施肥原则为前期以氮肥为主，中期以磷钾肥为主，后期适量补施氮、磷、钾肥。在灌第一水和第二水时，每次随水滴施 64％磷酸二氢钾 2 千克/亩，尿素 3～4 千克/亩。在灌第三次水至第七次水时，每次随水滴施 64％磷酸二氢钾 4 千克/亩，尿素 4 千克/亩。晚熟品种在灌第八、九次水时，每次随水滴施 64％磷酸二氢钾 1 千克/亩，尿素 1 千克/亩。

2. 叶面施肥 从初花期起喷 2～3 次钙肥，或锌肥（禾丰锌），或硼肥，每次间隔 7～10 天。禁止使用隐含矮壮素和缩节胺的叶面肥。

3.5.14 采收

1. 采收时期及要求

（1）人工采收。果实达到全红后才能采收；采果时尽可能保护枝叶。正常的人工采收期：7 月中旬开始，10 月上旬左右结束。采摘前 10 天停止灌水；采摘前 15 天禁止使用任何化学农药

（杀虫剂、杀菌剂）；第一遍采摘红熟的果实量应达到2 000千克/亩以上。

（2）机械采收。采收前10～20天（根据土壤类型和期间气候情况）停止灌水，条田土壤湿度不宜过大，以便机采。起割行应选择本采收小区中心行两侧共5行进行翻秧，留出运输车道。正常的机械采收期：8月初左右开始，10月上旬左右结束。

2. 采收质量　人工采收无青果、病果、烂果、杂草、枝叶。番茄机采脱落干净，损失率为1％。不重采、不漏采，收割整齐，漏采率不大于3％。

3.5.15　主要虫害及其防治措施

1. 蚜虫　不仅可造成直接危害，还是病毒的传播媒介。防治方法一是秋耕冬灌；二是冬季室内花卉灭蚜；三是早调查，做好中心株、中心片防治；四是科学用药，采用对天敌较为安全的农药进行防治、保护好天敌。

2. 棉铃虫　是新疆加工番茄最重要的害虫。主要采取综合防治的措施。一是秋耕冬灌；二是铲耕除蛹；三是杨枝把、频振灯诱蛾；四是种植诱集带诱杀；五是控制徒长，叶面增施磷酸二氢钾，降低棉铃虫落卵量；六是及早调查，发现即治，选择用药，最大限度降低基数。

3. 地老虎　不仅可造成植株地下部的直接危害，还造成伤口，为病害的侵入打开门户。防治方法一是秋耕冬灌；二是铺膜栽培；三是糖浆诱杀，消灭成虫；四是毒饵诱杀幼虫。

3.5.16　主要病害及其防治措施

1. 早疫病　症状：苗期、成株均可染病，主要侵害叶、茎、花、果。田间发病多在6月中旬开始。叶片发病最初呈针尖大的黑点，后不断扩展，产生褐色至深褐色不规则圆形或椭圆形病斑，边缘多具浅绿色或黄色晕环，中部现同心轮纹，表面可见灰黑色霉状物。该病发生早、传播速度快。

防治方法：在苗期可用枯草芽孢杆菌用于预防；发病初期可用50％扑海因、80％代森锰锌等可湿性粉剂喷雾，按推荐的稀释倍数配药，间隔7～10天，连续防治2～3次。

2. 番茄疫霉根腐病

（1）番茄茎基腐病。症状：该病主要危害大苗或定植后番茄的茎基部或地下主侧根，初呈暗褐色不规则斑，扩大后环绕茎基部一周，皮层变褐腐烂，地上部叶片萎蔫，变黄，后期整株枯死。

（2）果腐：俗称烂果、绵疫病。症状：初在果面产生浅灰色水浸状斑纹，不久扩展为深浅不一的不规则形或轮纹状湿腐病斑，果实变褐。湿度大时表面有似脓状物产生，内有大量病菌，在石河子地区一般于7月份后遇连续阴雨或大雨之后高湿条件下发生。

（3）防治方法。一是轮作倒茬；二是及时防治地老虎，减少病菌侵入的途径；三是合理灌水，一般中量雨前后不要灌水，防止因湿度加大诱发病害发生；四是早调查、早防治。若是果实发病可喷雾霉多克、普力克、霜霉必克、甲霜铜等。若茎基部发病，可采取培土，促其不定根产生，或用药剂喷洒茎基部后进行培土。

3. 枯萎病

症状：是一种维管束病害，一般在开花结果期始发。发病初期植株出现萎蔫现象，或植株一侧叶片自下而上发黄，严重时整株枯死。剖开病茎其维管束组织均变褐色。为土传病害，病菌可在土壤中存活数年。

防治方法：一是实行轮作倒茬；二是用新土育苗（不用老菜地土）或床土用杀菌剂处理，避免幼苗带菌。三是用70％甲基托布津1 000～1 500倍液或50％多菌灵1 000倍液灌根，间隔

7～10 天，连续 3～4 次。

4. 番茄叶霉病

症状：多从开花期和结果初期开始发病。主要为害叶片，自下向上扩展，严重时也为害茎、花和果实。叶片发病会出现不规则形或椭圆形淡黄色褪绿斑，叶背病部初生白色霉层，后霉层变为灰褐色或黑褐色并呈绒状。高温高湿条件下，发病严重。

防治方法：用 75％百菌清可湿性粉剂或 80％代森锰锌可湿性粉剂，或 25％嘧菌酯悬浮剂，间隔 7～10 天防治一次。农药按推荐的稀释倍数配药，交替使用。

5. 番茄细菌性病害

症状：主要为害叶、茎、花、叶柄和果实。叶片染病，产生深褐色至黑色小斑点，病斑四周常具黄色晕圈。在低温高湿条件下发病严重。叶柄和茎染病，产生黑色病斑。未成熟果实染病，起初出现隆起小斑点，成熟的果实上引起黑色突起病斑。病斑只在果实表面，不像疮痂病深凹。

防治方法：预防或发病初期用 50％氢氧化铜、12％绿乳铜、波尔多液等按推荐剂量和稀释倍数进行防治。防治次数根据病情和气候而定。

6. 番茄病毒病

症状：在田间主要表现为花叶、条斑、蕨叶等类型。

防治方法：一是采取早播或育苗移栽方式，减轻发病。5 月中旬不宜再播种。二是及早拔除病株，并将病株和健株分开作业，"先健后病"，防止汁液摩擦传播。三是消灭传毒介体，灭蚜防病。在田间管理操作中的接触器具要用 10％福尔马林消毒后再用。加强对蚜虫等传毒害虫的防治。四是遇降雨后延迟滴水，以减少发病。

7. 脐腐病

症状：初期在幼果脐部出现水浸状斑，后逐渐扩大、凹陷、变褐，失去商品价值。后期湿度大时出现黑色霉状物。病果会提早变红。

防治方法：一是选择土壤肥沃、土层较厚、盐碱含量低的农田。二是及时适量灌水，保证结果初期至盛果期水分均衡供应。三是在开花始期对叶面喷施 0.5％氯化钙或氨基酸钙肥水剂等。

8. 化学调节剂　为保证加工番茄食品质量安全，在番茄栽培过程中，严禁使用矮壮素、缩节胺、催熟剂等化学调节剂和混有矮壮素、缩节胺等化学调节剂的叶面肥。

图 3-4 为意大利产自走式番茄收获机。表 3-2 为引进的意大利产自走式番茄收获机主要技术参数。

图 3-4　意大利产自走式番茄收获机

表 3-2　番茄收获机主要技术参数

高度	3.0 米	宽度	2.5 米
收割机头	1.35 米	前带宽	1.1 米
机长	7.9 米	机重	6 900 千克
轨距	1.6 米	轴距	2.3 米

3.6 葡萄生产机械化技术体系

3.6.1 鲜食葡萄生产机械化技术体系

3.6.1.1 栽植前准备（4月15日前）

1. 土地深翻和平整 土地深翻 25～30 厘米。同一小区内全面整平。

2. 挖栽植沟 按葡萄栽植行向挖沟；沟间距准确，沟行要直；沟宽 80～100 厘米，沟深 80 厘米；上层熟土和下层生土分开堆放。

3. 施基肥和回填土

时间：葡萄沟挖好后即进行（4 月 5 日前完成）。

肥料种类和数量：腐熟羊粪、鸡粪、猪粪等，每亩 6 米^3；生物有机葡萄专用肥，每亩 50 千克。

方法：先将腐熟羊粪、鸡粪、猪粪等施入葡萄沟底部，回填表层熟土至栽植沟一半处，然后施入生物有机葡萄专用肥，最后回填生土至沟深 20 厘米处。

要求：①肥料要足量施入；②肥料要均匀施入。

4. 浇水

时间：施肥工作结束后即进行（4 月 10 日前完成）。

要求：浇足、浇透。

5. 修整定植沟

时间：地里水稍干，可进行人工作业时进行，沟整直、整平（4 月 15 日前完成）。

（1）沟底宽 60 厘米，上口宽 100 厘米，沟深 30 厘米，呈倒梯形。

（2）葡萄栽植在沟底中心。

6. 铺膜（铺设滴灌带）

时间：4 月 15 日前。

薄膜宽 70 厘米；在已修整好的定植沟内膜铺，采用滴灌的将滴灌带和膜一同铺好。

3.6.1.2　栽植

为防止葡萄冬季受冻，确保葡萄安全越冬，新建葡萄园应采用抗寒砧木嫁接苗定植。

1. 营养袋苗栽植

（1）时间。5 月 1 日至 6 月 5 日。

（2）营养袋苗标准。露天炼苗 7 天以上；不少于 4 片叶；苗高 12 厘米以上；茎基部粗 0.2 厘米以上；不少于两条毛根，土坨完整。

（3）栽植方法。

程序：拉线定点—打孔挖穴—运苗放苗—取袋栽苗流水作业。

劳力安排：分成作业小组，流水作业。一个作业组（按 100 米葡萄沟长）约需 20 人，其中：拉线定点 2 人，打孔挖穴 6～8 人，运苗放苗 4 人，取袋栽苗 6 人。

工具准备：一个作业组需：测绳 5 条，长度同葡萄沟长，绳上按 0.6 米株距标清植苗点；打孔器或营养钵挖穴器 6～8 把，规格打出孔穴为直径 7 厘米，深 15 厘米；单面刀片和小铲。

栽植：①拉线定点：按 3.5 米行距将线固定在沟底中央。②用营养钵挖穴器打孔挖穴：按线上已标清的 0.6 米株距打孔。③运苗放苗：将苗轻放在已挖好的定植穴旁。④取袋栽苗：用单面刀片将营养袋划开，取出营养土坨（苗），栽入穴中，将穴中四周空隙用细湿土填满封严。

（4）浇水。边栽苗边浇水，栽苗后浇水时间最迟不能超过 12 小时，提倡采用滴灌方法。

（5）扶苗、洗苗。将被水冲倒的苗扶直。叶片沾有淤泥的苗用装有清水的喷雾器喷雾冲洗干净。要求：①运苗、放苗、栽苗必须轻拿轻放，不能使土坨松散。②栽苗一周后调查成活率，成活率应不低于 95%。③死苗和缺苗应及早补苗。

2. 扦插苗和嫁接苗栽植

（1）时间。4 月 15—30 日。

（2）苗木标准。

① 扦插苗标准：成活饱满芽 4 个以上；主根 4 条以上，根长 20 厘米以上，须根发达，根系未受冻、未失水干枯、未霉变；主茎粗 0.4 厘米以上。

② 嫁接苗标准：接穗部分粗度 0.4 厘米以上，成活饱满芽 2 个以上；砧木主根 4 条以上，根长 20 厘米以上，须根发达，根系未受冻、未失水干枯、未霉变；嫁接口充分愈合。

（3）苗木处理。安排专人进行。

① 浸泡：苗木根系在清水中浸泡 12h。

② 剪根：每株苗留主根 4～6 根，长 20 厘米，剪除多余主根和须根，同时，剪去过长根、干枯根、先端霉烂根，露出新鲜白色根系即可。

③ 先在 25～50 毫克/升的 APT 生根粉液中浸根 3～5 分钟。

④ 制泥浆：用清水、黄土（不含盐碱）和 3‰磷酸二氢钾混合均匀调制成泥浆。

沾浆：将剪根后的苗木根部在泥浆中浸沾片刻捞出，使每条根都沾有泥浆。

注意：边剪根、边制浆、边沾浆、边栽植。

（4）栽植。栽植方位和株行距同营养袋苗，拉线定点，用铁锹挖穴栽植。定植穴 30 厘米×30 厘米×30 厘米，先将表土填入穴底堆成"馒头"状，放入苗木理顺根系，培土、轻提苗木顺根踏实，最后将土培出地面踏实。扦插苗栽植时，应将接穗 2 厘米左右埋入土中。

（5）浇水。同营养袋苗。

（6）覆盖。将苗木地上部分全部用湿土覆盖埋严，以防幼芽抽干，待芽萌发后，揭除覆土。要求：①葡萄苗剪根工作在荫凉处进行，苗木根部不能长时间风吹日晒。未能及时剪根的苗木应用湿草帘遮盖。②栽苗15～20天后检查成活情况，成活率应达90％，对死苗和缺苗及时进行补苗。

3.6.1.3 管理目标

保苗率95％以上，主蔓充分成熟、粗度0.8厘米、长度60厘米以上。

1. 浇水 ①葡萄苗栽植完成后及时浇水，7天后补二次水，之后，每10～15天浇水一次。②7月底浇水后，采取保墒措施，对裸露的葡萄沟进行中耕或深翻。③8月初至9月底期间葡萄园严禁灌水，以利枝条老熟，安全越冬。④10月22日前浇完冬灌水，浇足浇透。

2. 施肥 施用的肥料符合绿色食品生产资料通用性准则。

①葡萄苗成活发出绿叶后（6月上旬），每隔5天喷"奇丽施"等多元微肥一遍，共喷二遍。②葡萄苗栽植成活开始生长后（6月下旬），追施"奇丽施"或尿素一遍，以灌根为主，肥液浓度千分之五，每株灌施20毫升，或穴施尿素每株50克，距树30厘米处施入。施肥后立即灌水，以防烧苗。③7月中旬追施二铵一遍，每株50克，硫酸钾每株10克，距树50厘米处施入。④7月份可结合防病喷药，加入3‰磷酸二氢钾，叶面施肥2～3次。⑤秋季修剪前（9月底至10月上中旬），根据当年葡萄长势酌量深施有机肥一遍。

3. 抹芽、选定主蔓 葡萄苗成活萌芽后，选留一个强壮新梢当主蔓，其余芽和枝抹除。立秋后，距离地面20厘米内的叶片、副梢全部抹净。

4. 摘心（打顶） 葡萄主蔓60厘米高时，摘心一次；主蔓高度1米左右时，第二次摘心；8月上中旬，所有主蔓，副梢全部摘心一遍。

5. 副梢处理 从新梢节间叶腋处抽发的新梢称副梢。副梢生长旺盛，多余副梢消耗树体养分，必须剪除。顶端的1～2个副梢，每个副梢留 5 片左右叶摘心。下部副梢留 3 片叶摘心，二、三次副梢留一片叶反复摘心。

6. 栽水泥柱拉冷拔丝

（1）葡萄苗栽植前，可同时生产或定购水泥柱。葡萄栽植工作完成后，利用闲暇栽植水泥柱。

（2）东西向葡萄沟，水泥柱栽南边；南北向葡萄沟，水泥柱栽东边。

（3）水泥柱栽植：拉线定点，距葡萄植株行 40 厘米，栽深 60 厘米，填土踏实。水泥柱纵横成直线，埋深一致。

（4）拉冷拔丝，距离地面 60 厘米处，拉第一道冷拔丝，并绷紧，冷拔线用细铁丝固定在水泥柱上。

7. 引缚上架　葡萄新梢生长至 30～40 厘米长时，用绳将新梢向上牵引。

8. 揭膜中耕　8 月初揭除地膜和滴灌带，对果沟深翻。

9. 秋剪　在枝蔓完全成熟且直径大于 0.8 厘米处剪截。

10. 清洁田园　将修剪下来的枯枝落叶和园中杂草清出园外，深埋或烧毁。

11. 埋土防寒

（1）10 月下旬平均气温降到 5 ℃时进行埋土，一般年份在 10 月下旬开始，11 月上旬结束。

（2）先在葡萄根部填好枕头土，再将葡萄枝蔓从架面上取下，顺向一个方向，缓慢压入沟内。

（3）在距葡萄 80 厘米以外行间取土掩埋，覆土厚度 30 厘米以上。严禁在种植沟内挖土。

（4）埋土结束后，再加盖一层宽度 1.5 米、厚度 0.01 毫米的地膜，确保葡萄安全越冬。

12. 投放鼠药。

3.6.1.4　病虫害防治

出土后萌芽前：白粉病和毛毡病重的果园，全园喷 3～5 波美度石硫合剂，霜霉病较重的果园喷等量式波尔多液（硫酸铜：石灰：水＝1：1：200）一次。

萌芽期：白粉病和毛毡病重的果园，喷 0.2～0.3 波美度石硫合剂一次；2009 年霜霉病较重的果园喷 200 倍半量式波尔多液（硫酸铜：石灰：水＝1：0.5：200）；毛毡病重的果园也可单独喷一次 22.5％好克螨乳油、20％三磷锡乳油等专用杀螨剂。

花前：白粉病和毛毡病重的果园，喷 0.2～0.3 波美度石硫合剂一次，或三唑酮一次；霜霉病较重的果园喷一次科博、安泰生、霉多克（浓度按各产品推荐浓度使用），加 0.3％速乐硼、螯合铁（浓度按各产品推荐浓度使用）或 500 倍必备。

花后：200 倍半量式波尔多液（硫酸铜：石灰：水＝1：0.5：200）或 500 倍必备。发现白粉病后及时喷 15％三唑酮 WP1 000 倍、40％石硫合剂结晶 200 倍、43％好力克悬浮剂 4 000 倍、12.5％敌力康 WP2 000 倍、40％冠信 WP800 倍等。对二斑叶蝉要抓紧若虫期防治。将果园田间地头的堆肥及时施入田间，以避免白星金龟甲的危害，若发现白星金龟甲就地消灭或喷药灭虫后再施入。

6 月下旬（套袋前）：结合套袋，喷福星 8 000 倍（去年霜霉病过重的园片可选用烯酰吗啉），或 1 500 倍扑海因、1 500 倍施加乐，或甲基硫菌灵、亿嘉乐等，重点喷果穗，如喷后遇雨需重喷后才能套袋。对二斑叶蝉要抓紧若虫期防治。

7 月上旬以后：根据田间病虫害种类，对症进行防治。如霜霉病可选用半量式波尔多液（硫酸铜：石灰：水＝1：0.5：200）、霉多克、必备、安泰生、银法利、乙膦铝锰锌、甲霜灵锰锌、烯酰吗啉等，且防治要与雨水相结合；白粉病可选用三唑酮、石硫合剂、好力克、敌力康、冠信等，7～10 天一次，连防 2～3 次；灰霉病可用施加乐、扑海因等进行防治。对二斑叶蝉仍要注意若虫期防治。对白花金龟甲的成虫可采取诱杀的措施。

田园清洁：冬季修剪后，彻底清洁田园，全园喷 5 波美度石硫合剂一次，以杀灭越冬病原，霜霉病发生较重的园片可选用波尔多液。

3.6.2　酿酒葡萄生产机械化技术体系

3.6.2.1　栽培品种

红色品种：赤霞珠、梅露辄（美乐）、蛇龙珠、黑比诺。

白色品种：白雷司令、霞多丽、贵人香、白玉霓。

染色品种：烟73。

3.6.2.2　管理目标

第二年结果，第三年及以后丰产园葡萄亩产量 1 200 千克。

3.6.2.3　栽培密度

株距 0.5 米，行距 3.5 米，亩栽苗 380 株。

3.6.2.4　栽培方式

采用单壁篱架栽培，即在葡萄种植行内每隔 6 米设立一根支柱，柱高 2.3 米，下埋 50 厘米，架面高度 1.8 米，每支柱拉 3 道铁丝，铁丝间隔 50 厘米，最低一道丝距离地面 60～70 厘米。

3.6.2.5　建园

1. 园地及苗木的选择　地块选择：要求土地平坦，坡降 5‰以下（滴灌地不要求），全年地下水位 1.0 米以下，土壤盐碱度轻，pH≤8.2，靠近公路或主干道便于运输和机械化作业。

2. 定植前的准备工作　综合考虑渠系灌溉及风向等因素确立葡萄行向，一般以南北行向为好，大的条田要划分成若干小区，以便于田间作业。深翻平整土地后按行距用开沟犁开 0.6 米深的通沟，每亩施 3 米³ 有机肥，20 千克二胺拌匀施入沟中，回填平整土地后，开上口宽 60 厘米、底宽 30 厘米、深 30～35 厘米的定植沟，为使肥料充分腐熟及土壤疏松，此项工作最好在上一年秋季完成。

定植前 5～7 天，定植沟灌透水，地表稍干后仔细修整，用 1.45 米宽的薄膜覆盖，边缘和沟底用土压实后准备定植。

3. 苗木定植 考虑到新疆秋季干旱等因素，多选用营养袋定植，也可采用一年生嫁接苗。定植时间：5月12日至6月5日。营养袋苗标准：苗高12厘米以上，5片叶以上，基部粗度0.3厘米以上，生长健壮，根系发达，露天炼苗7天以上，土坨完整不松散。一年生嫁接苗标准：接穗部分粗度0.4厘米以上，成活饱满芽2个以上；砧木主根4条以上，根长20厘米以上，须根发达，根系未受冻、未失水干枯、未霉变；嫁接口充分愈合。定植方法：在定植沟的中心，按株距挖定植坑，定植深度以营养袋上表面入土2厘米或一年生嫁接苗嫁接口下2厘米为宜，定植后立即灌水，并在7～10日内复灌。

3.6.2.6 单蔓龙干形的整形修剪

1. 第一年管理 选留主蔓：苗木定植成活后，高度达到20厘米时，仅选留一个健壮新梢做主蔓，其余新梢全部抹除。

设立架材，及时引缚上架：为促进苗木生长，缓苗结束后，每一次灌水前，在距苗15厘米处穴施尿素催苗，每次20～30克/株，共2～3次。

主蔓、副梢处理：7月底8月初，将主蔓摘心，主蔓上生长的副梢，顶端2个副梢留3～5叶反复摘心，其余留1～2片叶反复摘心。

第一年冬剪：定植当年冬剪将主蔓上所育的副梢去掉，主蔓的修剪高度根据葡萄枝条的成熟度和粗度来决定，剪口粗度达到0.5厘米以上，剪口芽要饱满。

2. 第二年枝蔓管理

（1）出土绑蔓。第二年出土上架时，若主蔓长度0.8米以下，直接打"8"字扣竖直绑在铁丝上即可；若主蔓长度0.8米以上，需将主蔓水平绑在第一道铁丝上，待发芽结束后，再倾斜绑在铁丝上，以提高萌芽率和第二年的产量。

（2）抹芽、定枝。在新梢长出4～5片叶时进行，主蔓基部60厘米以内萌芽全部抹除，主蔓60厘米以上的新梢或副梢，每间隔 15 厘米选留一个，用来培养结果母枝。

（3）新梢绑缚。仅对主蔓上部的新梢进行绑缚，绑缚的新梢要均匀分布，直立或倾斜绑缚，不能交叉重叠。中下部新梢自由伸展，以利于通风透光。

（4）摘心、打副梢。坐果后，在果穗上方留 10～12 片叶摘心，营养枝根据空间酌情处理，结果枝花序以上的副梢留 1 片叶绝后，最顶端副梢留 3～4 片叶反复摘心，花序以下副梢全部除去。8 月上旬，对所有嫩梢及新梢全部摘心。在整个生长季节，摘心、打副梢工作需进行 2～3 次。

（5）第二年冬剪。从主蔓基部 60 厘米处开始留结果母枝，每间隔 15 厘米左右留一个，每株留健壮结果母枝 7～10 个，侧结果母枝剪留 2～3 个饱满芽，顶结果母枝剪留 4～5 芽，主蔓高度控制在第二道铁丝以上 20 厘米以内（1.6 米以内）。以后每年修剪都参照上述要求进行，结果母枝的选留尽可能靠近主蔓。

（6）葡萄产量构成。亩株数×单株留芽量×萌芽率×结果系数×单穗重＝亩产量。各指标平均数计，亩株数 380 株，留芽 25 个，萌芽率 70%，结果系数 1.6，单穗重 120～150 克，则完全可以保证 1 200 千克的目标产量。

3.6.2.7 土、肥、水管理

1. 土壤管理 葡萄行间及行内经常进行中耕、松土、除草，保持土壤疏松和无杂草状态。

2. 施肥 原则：根据绿色食品生产对肥料的要求，为提高酿酒葡萄品质，提高含糖量，施肥以有机肥为主，化肥为辅，根据生产实际尽可能减少单一化肥的施用量。

（1）基肥。以优质牛羊粪为主，自葡萄定植后第二年起在采收后施入。盛果期果园每年一次，每次 2～3 米³/亩。在距离葡萄 50 厘米处，挖宽 30 厘米、深 40 厘米的通沟施入。

（2）追肥。自第二年起，在葡萄开花前施入。传统施肥方法：亩用尿素 20 千克，46% 二胺 15 千克。现多采用的方法：一

次性在花前施入 80～100 千克/亩葡萄专用肥即可。若第二年预产较低，可适当减少施肥量。

（3）叶面追肥。结合病害防治同步进行，5—6 月份喷施两次，每次每亩喷施螯合铁 100 克＋硫酸锌 100 克＋硼砂 150 克＋磷酸二氢钾 200 克。7—8 月喷施 300 倍的磷酸二氢钾两次，灌水：萌芽水一次；花前水一次；花后水一次；浆果膨大期到果实采收前每 15～20 天灌水一次，采收前 20 天内禁止灌水；每次亩灌量 40～50 米^3，冬灌水正常年份在 10 月 22 日前结束，冬灌水60～80 米^3/亩。

3.6.2.8 病虫害防治

禁止使用违反绿色食品生产的农药。综合防治，以防为主，合理应用农业防治、生物防治、物理防治和化学防治等各项技术措施。主要病虫害为葡萄霜霉病、白粉病、毛毡病、叶蝉、粉虱等。

1. 秋季修剪埋土时彻底清园，剪除的病梢、病叶，集中烧毁。

2. 及时夏剪，引缚枝蔓，勤中耕除草，保证通风透光。

3. 出土后至萌芽前全面喷施一次 3°～5°石硫合剂，埋土前再喷施一次。

4. 葡萄生长季节，5 月中下旬葡萄花前喷施一次防治毛毡病、霜霉病药剂，6 月葡萄花后喷施一次防治霜霉病药剂，6 月下旬到 7 月初喷施一次防治白粉病药剂；以后经常观察，发现病害及时喷药治疗。农药种类应采用符合绿色食品生产要求的高效、低毒、低残留农药。每种农药在一个生长期内只允许使用一次。采收 20 天前禁止使用农药。

3.6.2.9 采收

采收时，各品种要分采、分运，采收后 24 小时内必须送达收购点；采摘时轻拿轻放，要剔除二次果、生青果、霉烂果、泥浆果等；盛葡萄的容器为容量 20～30 千克的塑料筐。

3.6.2.10 埋土与出土

1. **埋土防寒** 平均气温降到 5 ℃时进行埋土，一般年份在

10月下旬开始，11月上旬结束。埋土时将葡萄枝条顺向一个方向，在距葡萄80厘米以外行间取土掩埋，厚度在30厘米以上。埋土结束后，再加盖一层宽度1.5米、厚度0.01毫米的地膜，确保葡萄安全越冬。

　　机械化埋土效率高、速度快，极大地减轻了农工的劳动强度。近几年新疆研制推广了一些葡萄埋藤机，图3-5所示为石河子某厂研制的葡萄埋藤机在作业，表3-3为其技术参数。

图3-5　葡萄埋藤机

表3-3　葡萄埋藤机技术参数

配套动力（千瓦）	26～48
外形尺寸（毫米）	2 340×1 600×1 000
整机重量（千克）	580
工作幅宽（毫米）	750
作业速度（千米/时）	≥0.8
覆土宽度（毫米）	600～1 000
最大覆土厚度（毫米）	≥250
连接方式	三点悬挂

2. 防鼠　下雪前在葡萄沟内撒施鼠药饵料，投放量 3～5 千克/亩。

3. 出土　第二年 4 月中、下旬葡萄树液开始流动至萌芽前为适宜出土时期，一般人工一次性完成出土工作。先除去顶部和侧部较厚土层，露出枝蔓，然后顺埋土方向将枝蔓拉出，抖落泥土，清理沟内土壤，形成葡萄灌水沟。葡萄出土后立即灌水，防止葡萄被抽干。

耕整地作业技术规程与作业标准

4.1 耕地作业技术规程与作业标准

4.1.1 技术要求

耕地要区划作业区，地头线，采用合理的作业。达到深、平、齐、碎、墒、净6字标准。

1. 适时耕翻。耕地作业要在适宜的规定农时期限及良好的墒度期进行。

2. 达到规定耕深。一般为20～25厘米，均匀一致；耕层较浅的土地，应有计划地加深。

3. 覆盖严密。垡片翻转良好，无立垡回垡。地面的残茬、杂草及肥料覆盖率达90%以上。

4. 要求耕直。50米内直线度误差不超过15厘米。

5. 地头整齐，不重耕，不漏耕，地边地角尽量耕到耕好。

6. 耕后地表平整，土壤松碎。

7. 开闭垄法交替进行，不得多年采用一种耕翻方向。

8. 茬高、草多的地块，应先进行清株灭茬作业后再耕地。

简单地说，耕地的要求是深、平、齐、碎、墒、净。深：耕深符合要求，深浅一致。平：地面平整，消灭开闭垄沟（埂）。齐：耕行直、不重不漏，到头到边，做到四边耕整齐。碎：土壤疏松，无大土块。墒：耕后播种的土地，要犁后带耙保墒。净：覆盖严密、地面无残茬、杂草。

4.1.2 耕水稻地的农业技术要求

1. 耕地作业可用犁耕或旋耕,分秋耕和春耕,并结合耕地进行施肥。

2. 耕地深度一般为18～20厘米。

3. 旋耕作业地表应平整耕后条田内地表高低差不超过±2厘米,不破坏条田埂。

4. 犁耕后不得有明显的垄台或沟。

5. 多年生杂草繁茂的田块,在水稻收获后经短时间晒田再进行秋耕;一年生杂草危害严重的田块应进行春耕。

4.1.3 耕地作业前田间准备

1. 机械作业条田要求

(1) 要求条田平整,四边平直,道路畅通。

(2) 条田长度依据使用的机组大小、型式及地理特点而定。

2. 勘查作业地块的地形和地表状况,检查土壤墒度,确定最佳作业时间。

3. 清除障碍物

(1) 清除影响机组作业的田间障碍物,如成堆的茎秆、石块、树根等。平渠埂,填坑洼。

(2) 对作业中不易看清或不能搬移排除的障碍物,如电杆及拉线、水井、水坑、石堆等,应事先在周围做出明显标志。

(3) 耕前灌溉的地块,要求灌水均匀,毛渠、洼坑中的积水要提前排除。

(4) 耕地机组通行的路面应满足机组通过的宽度要求,桥涵应有一定的承载量,对不合要求的必须提前平、修。

4. 规划作业小区

(1) 每一条田可划分成若干作业小区,一般宽度为30～80米。小区宽度应根据条田长度而定,但应为机组工作幅宽的整数倍并加两边距 0.6 米。

（2）相邻两作业小区净宽应相等。

5. 划出转弯地带

（1）转弯地带宽度依据作业机组工作幅宽、挂接方式和行走方法而定，但应为机组工作幅宽的整数倍。

（2）转弯地带界线为耕地作业机组的起落线，一般用犁事先耕好，深度 8～10 厘米，垡片翻转方向朝向条田外侧（外翻法）。

6. 耕地前施基肥的地块，应在作业前最短时间内将有机肥料均匀撒开。

7. 在机组作业的第一趟位置上插上标杆，标杆应插正、插牢并成直线。如在第一小区进行闭垄作业时，其位置一般应在前次耕地作业的开垄上。

4.1.4 耕地作业质量检查与验收

1. 作业方法的检查 根据耕作地块的长、宽和面积等，检查耕地作业采用的行走方法，不得有过多的空行和明显沟垄。

2. 耕深的检查

（1）作业中检查。随机取 5～7 个点，用直尺测量沟壁的高度，计算平均值。应与规定耕深相差不超过 1 厘米。

（2）作业后检查。沿地块对角线取 10～15 个点，每个测量点，用直尺插到犁沟底测其深度。计算平均值（在正常情况下减去土壤膨松度 20%，雨后或复式作业减去 10%），实际耕深不得小于规定耕深 1 厘米。

（3）各铧耕深一致性检查。随机取 1～3 个点，剖开耕幅断面，露出犁底层，沿地表拉一直线，垂直测出各铧深度，各铧耕深相差不超过 3 厘米。

3. 耕幅检查

（1）作业中检查。从前一犁沟壁处向未耕地量出比犁的总耕幅稍大的宽度，插上标记，等下一趟犁耕过后，量出新的沟壁到标记处的宽度，两者之差即为犁的实际耕幅宽。若大于犁的总耕幅，就有漏耕，反之就有重耕。

（2）作业后的检查。目测地表，判断有无重耕和漏耕；同时检查工作幅宽之间的邻接质量。

4. 平整度和覆盖情况检查　目测翻耕地面平整和杂草、残茬、肥料覆盖情况以及匀净情况。

5. 地头、地边、地角质量检查　目测地头是否整齐、地边角是否耕到，漏耕按实际漏耕面积测量计算。

6. 田间质量验收方法　验收工作由农户和机组人员共同进行。大块地取 5～10 个点，小地块取 3～5 点，按农业技术要求和本章有关规定检查对照，进行验收。

4.1.5　耕地作业安全技术要求

1. 对操作人员的安全要求

（1）作业前应对全体操作人员进行安全技术教育，明确分工、各负其责。

（2）操作人员不准穿宽大衣服、戴头巾，服装袖口、纽扣、裤脚要系好。妇女应戴工作帽，发辫不得外露。

（3）在尘土多时，操作人员应带有风镜和口罩。

（4）在作业区内不准躺卧和睡觉，也不准小孩进入。

2. 对机具的安全要求

（1）拖拉机和犁上的安全装置与设施应齐全有效。

（2）拖拉机与操纵犁的农具手之间应有固定的联系设备或联系信号。

3. 作业行走中的安全要求

（1）拖拉机挂接犁时，应以低速小油门倒车，注意挂接人员的安全，并随时准备制动。

（2）作业中操作人员应思想集中，观察有无异常情况发生，不得闲谈打闹等。

（3）拖拉机起步前，驾驶员要发出信号，确认安全后方准起步。

（4）作业中除可进行深浅，水平调节外，其他调整、紧固和排除故障应在停车后进行。

（5）犁铧入土后严禁转弯和倒退。

（6）在地头转弯和行驶要注意农具手的安全，不得高速行驶。

（7）犁上无座位处严禁坐人，绝对禁止站在拖拉机或犁的牵引装置上或犁架上。

4. 作业停顿中的安全要求

（1）更换犁铲或紧固工作面螺丝时，只能在拖拉机熄火后或犁分离后进行。

（2）清除犁工作面上的泥土、杂物必顺在作业停顿时进行，并应使用专用工具。

（3）作业中发现堵犁或陷车，应停止作业后排除。

5. 夜间作业安全要求

（1）机组夜间作业照明设备必须完好，并有足够的照明亮度。

（2）机组人员要熟悉地面情况，并事先划好作业小区，耕出地头起落线和犁出第一圈。

（3）夜班人员应在白天有良好的休息，保证夜班作业精力集中，不打瞌睡。

6. 田间转移中的安全要求

（1）转移运输要慢行，犁架上不得放重物。

（2）牵引犁长距离运输时，要卸掉地轮抓地板，缩短尾轮拉杆将深浅调整丝杠调到最短，并调整尾轮水平调整螺钉以利转向和提高犁的离地间隙。

（3）悬挂犁在运输中应固定好升降手柄，调紧限位链，并将油缸上的定位阀压入阀座上。

7. 防火安全要求　拖拉机不得漏电漏油，不许用明火照明排除故障，添加油料时严禁烟火。1LYF－435 液压翻转犁如图 4－1 所示，技术参数如表 4－1 所示。1LF－440 翻转犁如图 4－2 所示，技术参数如表 4－2 所示。

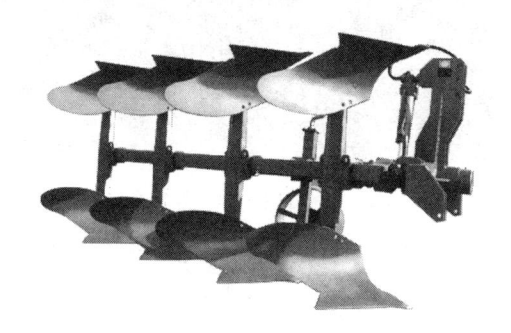

图 4－1　1LYF－435 液压翻转犁

表 4－1　1LYF－435 液压翻转犁技术参数

配套动力（千瓦）	88～185
外形尺寸（毫米）	2 800×1 600×1 300
机具重量（千克）	1 200
耕深（厘米）	24～28
耕深稳定性变异系数（％）	≤10.0
植被覆盖率（％）	≥85
碎土率（％）	≥6
耕作速度（千米/小时）	＞5.0
入土行程（米）	≤4.0
连接方式	三点悬挂

图 4 - 2　1LF - 440 翻转犁

表 4 - 2　1LF - 440 翻转犁技术参数

配套动力（千瓦）	88.2～103
外形尺寸（毫米）	3 900×1 700×1 680
机具重量（千克）	1 060
耕深（厘米）	25～32
耕深稳定性变异系数（％）	≤10.0
植被覆盖率（％）	≥85
碎土率（％）	≥65
耕作速度（千米/小时）	＞5.0
入土行程（米）	≤4.0
连接方式	三点悬挂

4.2　深松作业技术规程与作业标准

4.2.1　机具要求

1. 深松作业前的土壤比较坚硬，深松机入土困难，牵引阻力大，需匹配大功率拖拉机。

2. 根据土质、土壤墒情、深松深度、深松幅宽确定拖拉机功率匹配。

3. 深松作业是保护性耕作技术内容之一，保护性耕作要求秸秆和残茬覆盖地表，为此要求工作部件（松土铲）有良好的通过性能而不被杂草缠结。

4. 深松机要求具有保证其松土而不粉碎土壤、不乱土层的性能。

5. 深松机工作部件应使土壤底层平整均匀。

4.2.2 农艺要求

1. 深松后为防止土壤水分的蒸发，应根据土壤墒情状况确定是否镇压表土。

2. 深松后要求土壤表层平整，以利于后续播种作业，保证播种尺寸种子覆土深度一致。

4.2.3 技术要求

1. 适耕条件。土壤含水量在 13%～22%。

2. 深松作业时间要求。一年一熟区在秋天进行；一年两熟区在播前进行，也可随中耕作业同时完成。

3. 深松间隔。密植作物（小麦等）的深松间隔为 30～50 厘米；宽行作物（玉米等）的深松间隔 40～70 厘米（最好与当地玉米种植距相同）。

4. 深松深度。密植作物（小麦等）的深松深度 20～30 厘米；宽行作物（玉米等）的深松深度 25～35 厘米。

5. 作业中深松深度、深松间距应保持均匀一致。

6. 配套措施。有条件的地区在深松作业中应加施底肥；土壤过于干旱时可进行造墒。

7. 作业周期。开始实施保护性耕作的地块，应首先进行一次深松作业。以后根据土壤条件、土壤坚实度和机具进地密度等确定深松作业周期，一般 2～4 年深松一次即可。若土壤自恢复能力较强，则可实现完全的免耕。1sq-250 全方位深松机如图 4-3 所示，技术参数如表 4-3 所示。JD955 型垄作深松犁如图 4-4 所示。

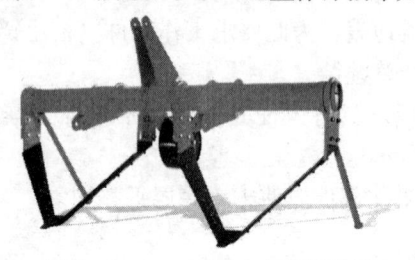

图 4-3　1sq-250 全方位深松机

表 4-3　1sq-250 全方位深松机技术参数

配套动力（千瓦）	≥76
外形尺寸（毫米）	1 000×2 654×1 438
机具重量（千克）	425
工作幅宽（毫米）	1 440
耕深稳定性（％）	≥80
土壤膨松度（％）	≤40
入土深度（毫米）	≤450

图 4-4　JD955 型垄作深松犁

4.3 旋耕作业技术规程与作业标准

4.3.1 旋耕作业的农业技术要求

1. 一般春秋旋耕作业要求较深约 12～18 厘米，夏耕、双抢的耕深要求较浅。

2. 旋耕要适时，不要错过农时。

3. 春耕绿肥田，要求打碎茎籽，覆盖严密，促使肥料腐熟。

4. 要耕后旋肥，要求达到土块细碎，土层松软，地表平整，以利播种。

5. 夏季双抢要带水旋耕，要求田平泥烂，打烂稻茬。

6. 质量要求。耕深均匀，不漏耕。

4.3.2 作业前旋耕机主要技术状态的检查

新机或每个作业季节开始前，应对旋耕机进行检查，使其主要技术状态符合要求。

1. 检查各部分的连接螺钉、螺母、开口销、销子等有否松动或损坏。

2. 检查润滑状态，各润滑点须加足润滑油，齿轮箱和链轮箱须加足齿轮油。

3. 主、从动链轮应在同一平面内其误差不得大于 0.5 毫米。

4. 装配后，链条应有适当的张紧力其值一般为 5～10 千克力范围。

5. 检查万向节插销和十字节卡环是否损坏或变形。

6. 检查左、右弯刀应按刀片排列展开图在刀轴上呈螺旋线安装，并用细牙螺栓紧固。左、右弯刀用样板进行检查，其刃口曲线形状最大误差不得大于 3 毫米。左、右弯刀刃口厚度为 0.5～1 毫米。

7. 刀片不得有裂纹，刃口的残缺深度不得大于 2 毫米，刀片不得变形。

8. 在刀袖转速范围内试运转，并检查有无漏油、异常声响、松动等现象。运转中，箱体的温升不得超过 30 ℃，运转后能用手灵活转动刀袖。

4.3.3　齿轮箱的调整

旋耕机在使用过程中，由于轴承、齿轮等磨损，轴承间隙和齿轮啮合情况都会发生变化，因此，需要及时加以调整。旋耕机的功力传动路线不同，调整方法也不同，现以 IGN - 175 型旋耕机（与 50 型中马力拖拉机配套）为例进行介绍。

1. 锥齿轮轴轴向间隙的调整　锥齿轮轴轴向间隙的正常值为 0.1～0.2 毫米，当间隙超过 0.5 毫米时，应加以调整。其步骤如下。

第一步，放出齿轮箱内的润滑油，拆下锥齿轮轴承盖。

第二步，摊开止退垫圈（锁片），将圆螺母拧到底（消除轴向间隙）。然后返回 1/4 圈。这时用手转动锥齿轮轴，应能达到既能灵活转动，又无明显轴向间隙为止，最后将止退垫圈锁好。

第三步，装上轴承盖。

2. 直齿轮轴轴向间隙及锥齿轮啮合状态的调整

（1）直齿轮轴轴向间隙的调整。直齿轮轴轴向间隙的正常值为 0.1～0.2 毫米，当其间隙超过 0.5 毫米时，应按下列步骤进行调整。

第一步，拆下箱盖螺钉，打开箱盖，拧下螺钉，从箱体上拿下小锥齿轮组件。

第二步，松开螺钉，从箱体上拆下直齿轮轴左右轴承端盖。

第三步，用增减两边调整垫片的方法，来改变直齿轮轴轴向间隙，使之达到转动灵活又不左右晃摇。

（2）锥齿轮啮合的调整。直齿轮轴轴向间隙调好后，应立即进行锥齿轮啮合的调整。调整步骤如下：

① 锥齿轮啮合印痕的检查及其调整，将红丹油涂在齿轮工作顶上，给刀轴花键轴以适当阻力，转动小锥齿轮，看印痕的大小及分布情况。

② 锥齿轮齿侧间隙调整，锥齿轮齿侧间隙正常值为 0.2～0.3 毫米，如越过 0.8 毫米，应调整。

齿侧间隙的测取可用保险丝或其他轻金属，弯曲成"ω"形，放在齿轮的非啮合面之间，转动齿轮，取出被挤压的金属丝，其最薄处即为齿侧向隙。

③ 调整注意事项，调整齿轮啮合印痕和齿侧间隙时，直齿轮轴左右轴承盖与箱体之间的垫片总数不得增减，只能把一边减少的势片相应地增加到另一边去，以防止调好的轴向间隙被破坏。

3. 中间齿轮轴和轴端挡圈与箱体的安装检查　中间齿轮（过桥）轴和轴端挡圈与箱体之间的垫片数量多少，在出厂时已调整好，使用中在拆装和保养时，不应任意增加或减少垫片厚度。

4. 刀轴花键轴轴向间隙的安装检查　刀轴花键铀轴向间隙的调整，其要求和方法可参照直齿轮轴轴向间隙的调整步骤进行。轴向间隙调好后，要检查刀轴齿轮边线与中间齿轮边线是否平齐，如有偏差还要进行调整。其方法可通过增减两边垫片的数量来达到，即某一边减少垫片，另一边应增加同样厚度的垫片（注意：两边垫片不通用，应用量具测定）使两边垫片总厚度保持不变，以免将调好的轴承间隙破坏。

4.3.4　刀片的安装方法

不同的刀片安装方法，可以获得不同的耕作效果，以适应农业技术要求。

（1）内装法。如图 4 - 5 所示，刀轴左边全装右弯刀，右边全装左弯刀，刀片向中间弯。耕后地面中间有垄，适于做畦面耕作，有利于做畦，也可使机组跨沟作业，可起填沟作用。

（2）外装法。如图 4 - 6 所示，左刀轴最外端和靠齿箱一端

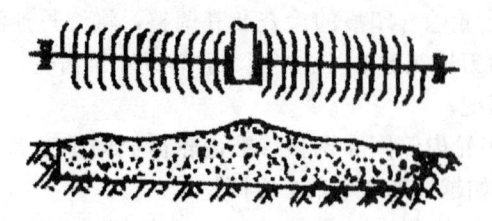

图 4 - 5　内装法

各装一把右弯刀片，其余全部装左弯刀片；右刀轴最外端和靠齿轮箱一端各装一把左弯刀片，其余全部装右弯刀片。这种安装方法耕后中间形成一条沟，适于旋耕—开沟联合作业或拆畦作业。

（3）交错装法。如图 4 - 7 所示，左、右刀轴最外端的一把刀和靠齿轮箱端的一级刀（二片）向里弯装配，其余左、右弯刀在刀轴上交错对称安装。这种装配方法耕后地面平整，适于平作，是常用的安装方法（旋耕机出厂时，刀片就是这样安装的）。

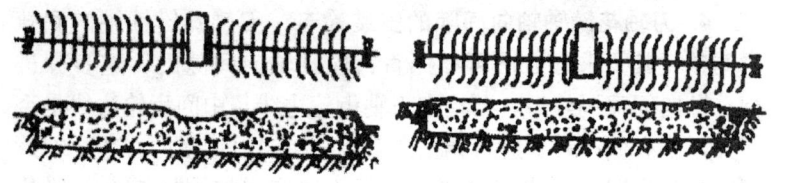

图 4 - 6　外装法　　　　　　　图 4 - 7　交错装法

4.3.5　田间作业操作规程

1. 旋耕机与拖拉机的悬挂连接　以 IGN - 175 旋耕机与 50 型拖拉机的挂接为例，其挂接步骤如下。

第一步，拆去拖拉机的牵引钩，拧下动力输出轴护套。

第二步，使拖拉机对准悬挂架中部，提起下拉杆至适当高度，将拖拉机缓慢倒至能与旋耕机左右悬挂销轴连接为止。

第三步，先装左下拉杆，后装右下拉杆（因右下拉杆上设有调节长短的斜拉杆），随后装好插销。

第四步，连接上拉杆，并装上插销。

第五步，安装万向节，并插上两端销子。安装时注意中间两只夹叉开口要处在同一平面内，如果方向装错，会发出响声，旋耕震动大，容易引起机件的损坏。

2. 拖拉机轮距调整　旋耕机工作时，应使拖拉机驱动轮走在未耕地上，以免压实耕地。自此，需要根据旋耕机的耕幅和悬挂方式来调整拖拉机的轮距。对于正悬挂的旋耕机，应使拖拉机的两个轮子位于旋耕机的工作幅内。而偏右悬挂的旋耕机，应使拖拉机右侧轮子位于旋耕机工作幅内。

3. 旋耕机作业前的调整

（1）左右水平的调整（即横向水平）。将旋耕机降下，使刀尖接近地表，检查左右刀尖离地高度是否一致，若不一致，则需调整拖拉机右斜拉杆的长度，直至左右水平为止，以保证耕深一致。

（2）前后水平调整（即纵向水平）。将旋耕机下降到要求耕深，视其万向节前后是否水平，夹角是否一致，或看旋耕机齿轮箱是否水平，若不平，可调节拖拉机上拉杆，直至水平为止，以保持方向节处于有利的工作状态。

（3）耕深调节。旋耕机的耕深由拖拉机的液压悬挂系统控制。具有力、位调节的液压悬挂系统，应使用位调节，严禁使用力调节。在旋耕机达到规定耕深后，用定位手轮将调节手柄挡住，使旋耕机每次下降的耕深一致；分置式液压悬挂系统应使用油缸上的定位卡箍调节耕深，当达到所需要的耕深时，将定位卡箍定在相应的位置上。工作时，分配器手柄应置于"浮动"位置上，下降旋耕机时不准使用"压降"位置。

（4）旋耕机提升高度的调整。用万向节传动的旋耕机，在传动中不能提升过高，提升过高，使万向节的倾斜角度超过30°，会引起万向节损坏。因此，在传动中提升耕机，必须限制提升高度，一般田间作业时，只要使刀尖离地 15～20 厘米即可。如遇过沟、埂或道路运输需提升较高时，必须切断动力。为防意外，便于操作，在作业开始前，应在液压操纵手柄上用螺钉限位，以限制提升高度。

4. 旋耕机组的起步及作业速度的选择

（1）旋耕机起步。旋耕机组进入作业区后应将旋耕机下降至接近地面。然后结合动力输出轴，运转正常后再挂挡起步，与此同时操纵拖拉机液压升降手柄，使旋耕机逐步入土，随之加大油门，直到正常耕深为止。禁止在起步前，先将旋耕机降入土中或猛放入土，以免损坏机具。

（2）机组作业速度的选择。机组作业速度选择的原则是：碎土满足农业技术要求，沟底平整；既保证作业质量，又要充分发挥拖拉机动力，以便提高机组生产率。一般情况下，50型中型拖拉机用二挡旋耕，三挡耙地，动力输出选用低挡。

5. 旋耕机田间耕作的行走方法　旋耕机田间耕作的行走方法如图4-8所示。

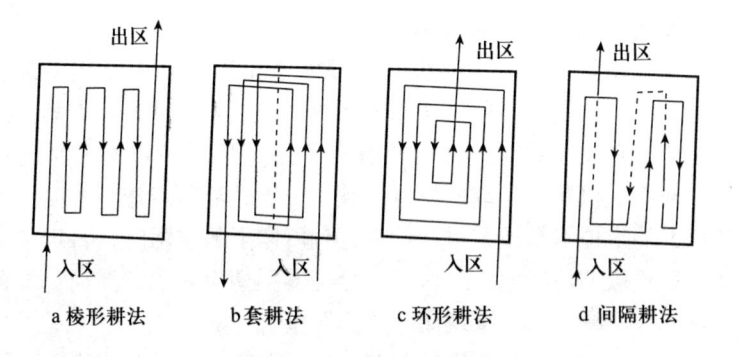

a 棱形耕法　　b 套耕法　　c 环形耕法　　d 间隔耕法

图4-8　旋耕机组行走方法

（1）棱形耕法如图4-8a所示。机组由地块一侧进入，一个行程接着一个行程，往返耕作，最后耕地头。这种方法简便、易掌握，但机组地头转弯半径小。

（2）套耕法如图4-8b所示。地块分为两个小区，小区宽度应为旋耕机耕幅的整数倍。机组由地块一侧进入，耕到地头，提机转弯，从另一小区的相邻边进入，耕到头后，再返回第一小区，接着上个行程耕作，两区交替套耕。这种方法转弯半径大，地头小。

（3）环行耕法如图4-8c所示。机组从地块一侧进入，沿地块四周耕作，逐渐缩小耕区，最后由地块中间出地。这种方法耕后地面平整，减小漏耕。右偏置旋耕机应从地块右侧进入。

（4）间隔耕法如图4-8d所示。机组从地块一侧进入，到地头转弯，留下一个耕幅的地段不耕，沿图中实线行走，到地块另一侧后，再返回按虚线行走，将留下的未耕地段耕完。这种方法避免了地头小转弯，但留下的未耕地宽度要准确，否则会出现漏耕和重耕。

无论采用哪种行走方法，都应防止漏耕，但允许相邻行程有少量的重耕。偏右悬挂的旋耕机组，应注意行走方法的选择，避免拖拉机左轮走在已耕地内。

6. 手扶拖拉机配套的旋耕机的调整

（1）旋耕机的安装。为防止拖拉机变速箱齿轮油溢出，拖拉机前支架要收起，使其头部前倾着地，然后卸下牵引框，将旋耕机抬起，用螺栓固定在拖拉机的变速箱后端。在安装时，如旋耕机内齿轮和变速箱齿轮相顶，可转动犁刀轴或离合器皮带盘，使齿轮相互啮合。旋耕机犁刀的安装和拖拉机轮距的调整可参照前面介绍的轮式拖拉机配套的旋耕凯的调整方法进行。

（2）耕深调整。通过旋耕机尾轮来调整耕深。耕深调整量不大时，可以顺时针转动尾轮手柄，使尾轮上升，深度增加；反之，深度减小。调整时，尾轮内管伸出长度不要超过120毫米，否则易使尾轮内管、尾轮叉等零件变形，当耕深调整量较大时，需松开紧固手柄，使尾轮外套管上、下移动，使耕深增大或减少，调整合适后，旋紧紧固手柄。

（3）碎土性能调整。通过改变拖拉机前进速度和刀轴转速来调整碎土性能。一般耕地作业耕头遍时，拖拉机前进速度用Ⅰ、Ⅱ挡，耕二遍时，用Ⅲ挡。刀轴转速常用慢挡，耕二遍或耕后土壤要求特别碎时，可用快挡（232转/分）。

（4）链条调整。东风-12旋耕机，需打开传动箱盖，将一个弹簧支杆转一个角度，使张紧弹簧更靠近链条，如链条仍很松，可将两个弹簧支杆都转一个角度。工农-12型旋耕机，需将传动箱下部调整螺钉上的锁紧螺母松开，拧入调整螺钉，使张紧装置更压紧链条，链条紧度调整合适后，再将锁紧螺母拧紧。链条张紧度可通过转动刀轴检查，一般能够较容易地使犁刀轴转过20°左右，再转就要花大力气时，就可以认为链条张紧度合适。

7. 安全操作规程　一是机组必须按规定检查合格后才能出车。

二是检查旋耕机万向节、刀片及齿轮箱零部件时必须切断动力。如需更换零部件时，应垫高旋耕机，将发动机熄火，严禁不熄火更换零件。

三是旋耕机在转弯、倒车时，必须升起，否则会造成刀片变形、断裂。

四是长距离转移地块或运输时，应拆除连接在拖拉动力输出轴上的万向节。

五是工作时，旋耕机机组后方禁止站人；运输时，旋耕机上严禁站人或堆放重物。

六是经常注意万向节等处的插销及十字节卡环的技术状态，发现问题及时处理，严禁"带病"作业，以免发生意外。

七是工作中发现不正常现象应立即切断动力，排除故障后方可继续工作。

八是停车时，应将旋耕机降落着地，不得悬挂停放。

8. 旋耕机的技术保养 及时正确地进行技术保养，是保证旋耕机运转正常、工效高、性能好和延长使用寿命的重要措施。

（1）班保养（工作 10 小时左右）。

第一，清除轴承座、刀轴和机罩上的杂草、积泥。

第二，检查、拧紧各连接螺栓、螺母。

第三，检查各部位的插销、开口销有无缺损，必要时更换新件，不准用旧件和他物代替。

第四，检查齿轮箱的油面，不够时应添加至规定油位。

第五，检查齿轮箱有无漏油现象，必要时更换损坏的油封、纸垫。

第六，万向节十字轴和刀轴两端轴承座处应加注润滑脂。

第七，检查刀片是否缺损、松动，必要时补齐或拧紧。

（2）一号保养（完成工作量 100～160 公顷）除执行班保养内容外，还应检查保养下列内容。

第一，检查齿轮箱和链轮箱内齿轮油质量，如变质或铁屑多，应更换。

第二，检查万向节十字轴是否因滚针磨损而松动，或有泥土进入而转动不灵活，必要时拆开清洗并重新加满润脂。

第三，检查刀轴两端轴承是否因油封失效而进了泥水。必要时，应拆开清洗并加足润滑脂，并更换新油封。

第四，检查刀片磨损情况，必要时应拆下重新锻打磨刃或更换新品。

第五，检查齿轮箱各轴承间隙及锥齿轮啮合间隙，必要时调整。

第六，对链传动还应检查链片和销子铆接是否松弛，必要时应重铆或更换链片；检查链条张紧器的弹簧是否失效，必要时更换。

（3）二号保养（耕作一年）。

第一，彻底清除旋耕机上的油泥。

第二，放掉传动箱内齿轮油，并检查、清洗内部零件；安装并加注新齿轮油至规定油面。

第二，清洗刀轴两端轴承，检查油封，必要时更换，重新安装后应注满润滑脂。

第四，拆洗万向节总成，清洗滚针，如有损坏应更换。

第五，拆下全部刀片检查，有损坏者应更换或修复。

第六，检查刀轴刀座是否开焊或断裂，螺栓六角孔是否损坏，必要时应更接或修补刀座。

第七，修整挡泥罩及平土托板，使其恢复原状。

第八，停放保管期间，万向节应拆下室内保管，垫高旋耕机使刀尖离地，并用撑杆支好。刀片及各外露的花键轴上均须涂油防锈，非工作表面剥落的油漆应按原色喷涂补齐。旋耕机最好停放室内，如露天存放，应选地势较高，不积水的地方，机上应加盖遮雨物。

9. 作业质量检查验收方法

（1）按照农业技术要求进行作业质量检查。每作业班次进行2～3次。

（2）旋耕深度检查。作业进行中检查时，沿不同耕幅靠未耕地一侧，从地块的一端至另一端随机取3～5个点，扒开已耕层至犁底，测底至未耕地表面的高度，即为实际耕深；作业后的质量检查方法，可参照耕地（平翻）耕深检查方法进行。

（3）目测检查地面平整程度和土壤疏松程度。地表应无大土块和明显的垄沟。

（4）检查相邻行程有无漏耕，重耕量不大于10厘米。1GQQN‐250J旋耕机如图4‐9所示，技术参数如表4‐4所示。

图 4 - 9 1GQQN - 250J 旋耕机

表 4 - 4 1GQQN - 250J 旋耕机技术参数

配套动力（千瓦）	58.8～73.5
外形尺寸（毫米）	2 700×1 120×1 230
机具重量（千克）	460
动力输出轴转速（转/分钟）	540/620/720
工作幅宽（毫米）	2500
挂接方式	三点悬挂
耕深（毫米）	120～140
刀轴转速（转/分钟）	220/230/256
旋耕刀数量（把）	70

4.3.6 平地作业技术规程与作业标准

4.3.6.1 农业技术要求

消除因耕作造成的垄沟、小包、渠埂等凹凸不平。

4.3.6.2 平地机的作用、种类和特点

平地机主要用于地面平整。新疆为灌溉地区，土地平整不仅可以保全苗，夺高产，还可以节约用水和浇水的劳力。平地有工程性平地和作业性平地。使用平地机平地只能用于作业性平地。

平地机的特点是，铲刀的深浅、水平角度、侧向倾角均可调，机架跨度大，机身稳定，对地面仿形性较好。平地机可分为悬挂式和牵引式两种，牵引式平地机机身较长，作业中由农具手操作，可随地形调整，避免出现拖堆等现象，作业质量较好。悬挂式平地机结构简单，机动性好，适于小块地作业和水稻地格田平地。为了改善平地机功能，有的在平地铲前或铲后装有松土齿。

4.3.6.3　作业及调整

平地作业不宜高速行驶，根据土壤比阻及作业要求可进行复式作业。机组运行方法和耙地作业相同。

平地作业时，农具员坐在平地机座位上，操纵舵轮（机械调整深浅）或分配器手柄（液压控制深浅），根据地形随时调整铲土深度（也有将分配器装在驾驶室内由拖拉机手操纵）。当使用 IBP-3.3 刨式平地机工作时，一般在开始作业第一圈调整好入土深度，约 2～3 厘米，正常作业后，不再在作业进行中调整。IBP-3.3 刨式平地机转移地块时，需由作业状态转换成运输状态。在使用液压操纵平地机时，需将平地机上油管和拖拉机液压油路相接通，拖拉机液压分配器放在"上升"或"下降"位置，向平地机供油，用平地机上的分配器操纵。

4.3.6.4　技术状态的检查

平地机要达到机架不变形、无开焊，行走轮和导向机架无晃动，刮土板正常无缺损。班次作业后，及时清除泥土，定时向主轴、导同轴和前、后轮注润滑油。

4.3.6.5　平土框有木制和铁制两种

用于播前整地，能平整一般的坑台和小沟，对土块有镇压破碎作用，常与耙连接在一起复式作业。平土框的前后横梁均离地8～10 厘米，纵梁与刮土板在同一水平面上，下面包铁板，各拐角处用铁板加强。表土可沿前后刮土板左右流动。

4.3.6.6 水稻格田平地

1. 农业技术要求

（1）埝子及排灌渠边缘应整齐成直线，不得有局部凹进和凸出。

（2）每块格田内高低相差不得大于3厘米，地表要求平整。

2. 田间准备

（1）格田平地前，条田要保证宏观平整。

（2）根据土地状况及机械作业能力，适当规划地块。一般以3~5亩一块较好。

（3）筑埝：根据灌溉要求，用五用开沟筑埝机筑相应断面的埝子。在保证灌溉的前提下，埝子越小越好。

（4）用刮土板调个角度，将筑埝时形成的取土沟填平。

（5）用简易水准仪对格田实测并绘出示意图。

3. 机具准备 每台轮式拖拉机配一台相应的悬挂平地机，根据需要调整入土角、铲刃、刮土板、梁架保持良好技术状态，格田内到边到角刮平表土，达到农业要求。

4. 作业方法 根据测绘示意图，由高处向低处刮土，待土地基本平整时，再耱地，直到沿四条边耱平为止。作业中，平地机应左右调平，通过调整中心拉杆，改变刮土板角度，达到改变截土量。土地坚硬时，先松土再平地。为保证质量，需有人用仪器边测量边指挥。细平结束后，需放水验平，放水沉实后，出现的新高差，应再进行一次复平，同时加固渠道，田埂。

4.4 整地作业技术规程与作业标准

4.4.1 钉齿耙作业技术规程与作业标准

4.4.1.1 农业技术要求

钉齿耙耙地，适用于春耙保墒、雨后破壳、苗期耙地、播前土地破碎等作业，起到破除板结、耙碎土块、覆平沟垄、消灭杂草等作用。

4.4.1.2 机具选用及编组

钉齿耙的入土能力决定于耙的重量，根据其本身的重量可分为重型、中型和轻型三种。

钉齿断面形状有方形和圆形两种，方形断面尺寸为 16 毫米×16 毫米，用于重型和中型耙，圆形为直径 14 毫米。方形齿碎土除草能力强，圆形齿用于苗期耙除幼草。

机具编组中，钉齿耙可以单独作业，如苗期耙地等，但在整地作业中，通常与圆片耙联合作业。

4.4.1.3 技术状态检查

1. 耙架要平，弯曲不超过 5 毫米，扭曲不超过 2 毫米。

2. 钉齿齐全，螺母要用锁片固定；钉齿正直，偏差不超过 3 毫米，长短一致，相差不超过 10 毫米，齿尖锐利，刃厚不超过 2 毫米。

3. 各钉齿尖端的棱角应位于耙的前进方向。

4. 连接链环齐全，在连接到作业机组上时，应使耙链长度保持一致。

4.4.1.4 机组作业的运行方法

1. 梭形法：用于斜耙或纵向单遍耙地。梭形单遍斜耙法。

2. 绕行向心耙：行程率高，操作简单，地块耙完后，对转角应再作一次梭形作业。

3. 对角耙：用于耙两遍作业，每个小区以方形为好，耙完后在四边绕行一、两圈，以消除地边漏耙，行走路线图见"圆片耙耙地"。

4.4.1.5 作业中机具的检查调整

耙地机组以中速作业为好，速度过快，机具易跳动损坏，速度过慢，碎土平地效果差。作业中发现漏耙，应调整安装卡子的位置，接垄要重叠 10～20 厘米。个别耙有抬头翘尾现象时，应调整耙链长度。耙齿刃口方向应与前进方向一致，耙齿挂草影响耙地质量时，应及时清除杂草。

4.4.2 圆盘耙作业技术规程与作业标准

4.4.2.1 农业技术要求

用圆片耙耙地，可以切碎土块、根茬、杂草，耙碎耙平土层，减少水分蒸发，消灭杂草和覆盖肥料。

1. 根据土壤墒情，适时进行耙地作业。

2. 耙后的地面要平整，在灌溉过的土地上，最好带上钉齿耙、耱子等，进行复式作业。

3. 碎土良好，深度达到要求，相差不超过 2 厘米。

4.4.2.2 机具准备

1. 机具的选择

（1）草皮层较厚、土质黏重的新荒地，水稻地或重盐碱地，应选用重型缺口耙，以利于耙碎、耙透垡片和杂草皮层。

（2）土质较黏重的熟地，可用重型圆片耙作业；如用轻型圆片耙时，则要加重，以防耙体跳动，影响入土深度。

（3）耕翻质量好或质地松软的熟地，一般采用轻型圆片耙。

（4）前作物收割后的灭茬，可采用轻型双列圆片耙或重型缺口耙。如果灭茬不再耕翻直接播种的土地，第一次耙地最好采用重型缺口耙或重型圆片耙，以保证土壤疏松。根据以上情况和当地具体要求，确定选用圆片耙的型号。

2. 拖拉机的选择 根据耙的用途和类型选择拖拉机，如地表不平，土块大，条田表面松软，可用履带式拖拉机，亦可用 120～160 马力轮式拖拉机与 lBy - 74 配套作业。

3. 机具编组 除 lPy - 34 与东方红 - 802 配套作业时，可带两台作业外，其他耙均以带一台为宜，负荷不足时，可采用复式作业，与钉齿耙、平土板、耱子等组合。

4. 圆片耙技术状态的检查

（1）每组圆片耙的刃口应在同一水平线上，相差不超过 3 毫米；刃口间要相互平行，最大不平行度不超过 10 毫米。

（2）圆片耙组应自由转动，圆片不得在轴上晃动。

（3）刃口锋利，不变形，刃口厚度不得大于 0.4 毫米，刃口斜面长为 8～10 毫米，刃口角度为 $15°\sim20°$。

（4）方轴应平直，不得弯扭。

（5）刮土板应与圆片轻轻接触，其摆动范围是在距离圆片后边缘 20～30 毫米内，距圆片平面 5 毫米。

（6）圆片刃口允许的损坏程度，其纵向不应有裂纹，径向长度不大于 15 毫米，径向磨损不应大于 50 毫米。

（7）机架不得变形和开焊，角度调整机构要灵活，螺丝要紧固，润滑油嘴完好。

（8）Py-3.4 四十一片轻耙，在安装中要注意后列耙组拉杆安装位置。长拉杆应安装在 11 个耙片的那组上，短拉杆安装在 10 片的那组上，如装错了作业中会出现耙沟和漏耙。

5. 其他准备　复式作业或多台作业，要准备好联结器。圆片耙拖带的农具，不得直接挂在圆片耙机架上，应用拉筋挂在拖拉机牵引板上或连接器牵引板上。另外，要准备作业时常用的圆片耙备件。

4.4.2.3　田间准备

1. 消除田间障碍物，如作物茎秆、树根，石块、土坑等，对一时不能清除的障碍物，要做出明显的标志。

2. 如果采用斜耙法，事先要在机组第一趟运行线上插上标杆。

4.4.2.4　耙地作业

1. 耙地时期　必须严格掌握土壤的适耙期，还应根据耙地的目的来确定。

（1）准备灭茬的地块，应在前作物收割的同时耙地（在联合收割机后面带上灭茬耙，进行复式作业），或在收割后立即耙地，以达到消灭作物残茬、杂草，保蓄土壤水分的目的。

（2）如果是春翻地（春旱地区），用翻耙复式作业，以防跑墒。

（3）地势低洼易涝和土质黏重的地块，准备进行晒垡、冻垡和散墒，耕翻后可以不耙，也可只进行粗耙或轻耙。

（4）春季在秋耕过的土地上播种春麦或早春作物，应在土壤开始化冻时立即顶凌耙地，以减少土壤水分蒸发，疏松土壤，提高地温，平整土地。

（5）黏土地湿度大或雨后耙地，要在土地稍干时进行。过早，土壤太湿，易耙成团，干后形成硬块；过晚，土壤水分损失多，地里的土块坚硬不易破碎，耙后容易形成硬块。为了保墒，可采取干一片、耙一片的办法。

（6）水稻地倒茬（第二年种早春作物）时，如地耕翻后比较干，要掌握时机进行多次耙地，否则进入冬季，土地冻结，不能切地，影响来年播种。

2. 耙地方法　有横耙、顺耙和斜耙三种。要根据地块大小、形状、土壤质地、播种方向等，确定耙地的方法。如多年熟地及土质疏松、平坦的地块，可用横耙。生荒地及土质黏重、土块较大的地块，可用斜耙。翻后的地，土质黏重、土块较大的地块，第一遍最好顺耙，以免翻转土垡和机车行走困难。作业方法如图 4-10、图 4-11、图 4-12、图 4-13 所示。

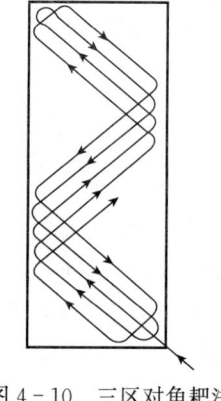

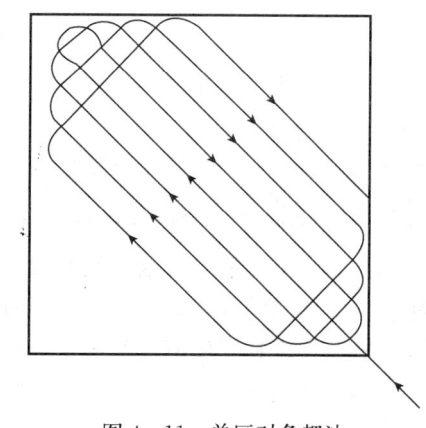

图 4-10　三区对角耙法　　　　图 4-11　单区对角耙法

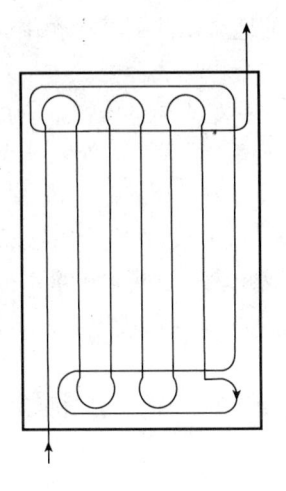

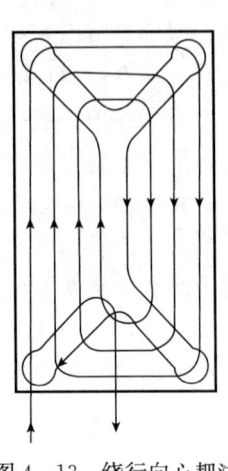

图 4 - 12　梯形单遍纵耙法　　　图 4 - 13　绕行向心耙法

3. 作业中机具调整

（1）角度调整。在作业第一行程中，根据耙地的质量要求调整耙组角度。角度大则入土深、碎土好，但调节不应超过最大设计角度。各型圆片耙角度调节，如表 4 - 5 所示。

表 4 - 5　各型圆盘耙角度调节范围

耙型	角度调节范围	调节方法
Py - 3.4 圆片耙	前列 0°～17°后列 0°～20°	移动齿板
IBZ - 2.5 缺口耙	前列 0°～20°后列 0°～28°	
PZQ - 2.5 缺口耙	0°～38°	孔调节
PZQ - 2.2 缺口耙	0°～15°	转动调节轮
IBy - 7.4 圆片耙	前列 6°～18°后列 7°～19°	伸缩机构水平旋转调角

　　Py - 3.4 角度调节方法：当角度调节装置需要调大偏角时，先将齿板前移并固定在某一缺口上，拖拉机拉动牵引部分向前，于是滑板前移直到靠住齿板时为止。滑板前移时，通过前侧拉杆和后中心拉杆使前、后列耙组回转而增大偏角。调小偏角或恢复运输状态时，拖拉机先将牵引部分后退，并将齿板后移并固定，

当拖拉机再牵引前进时，偏角变小了。

PZQ－2.5 耙的角度调整：该耙有四个耙组，分前后两列，每个耙组有 6 片缺口耙片。每列耙片的凹向一致，工作时前列向右翻土，后列向左翻土。为了平衡耙组的侧向力，必须偏置牵引。偏角愈大，纵拉杆相对耙架中心线的偏距也愈大。

偏角调节的方法是：先把角度调节杆前端的限位销插在适当孔位内，再扳动操纵杆，拔出角度调节杆孔内的定位销，角度调节杆与前连接架间的相对位置即可改变，从而定位销可与所需的定位孔销连锁定，达到调节偏角的目的。此时，还应检查纵拉杆在横拉杆上的偏距，以及在调节板上的固定位置，调整牵引线，否则前后列的偏角不同，耙深不一致。

（2）牵引线的调整。两台以上的耙连接作业时，两台耙的角度调节要一致，机架要水平。牵引线过高，会使耙地深度不均或过浅。

（3）耙的加重。在黏重干硬的土壤作业时，如入土深度不够，可在耙架加重箱上加重，但不得加石块或铁器。Py－3.4 圆片耙最大加重，全机均匀分布为 400 千克；其他重型缺口耙，一般加重为 100 千克。

（4）耙的保养。圆片耙每工作 2～3 小时，应检查轴承温度，各部螺母锁片的安装和紧固；每工作 4～5 小时，应向轴承注油，雨后及灌溉后土壤黏重的情况下，刮土刀与耙片之间的间隙过大，都会使耙片堵塞，应及时清除，否则会造成耙地深度不够。

（5）耙的运输。运输时，耙片角度应调整成零度，卸掉加重箱上的重物。轻型圆片耙应装上行走轮，重型耙应调节轮子呈运输状态。

4. 作业时注意事项

（1）进地耙过第一圈以后，要及时检查作业质量，看耙的深度是否一致，是否符合要求，碎土是否好等。质量不合要求的，要立即调整。

（2）驾驶员要灵活掌握前进速度，行走要直，第一趟和第二趟重叠不宜过大，转弯要慢，转弯弧度要大，转弯处特别防止漏切。

（3）耕翻后（土质松软）第一遍切地，速度不宜过快，否则易造成机车和农具损坏。1BQX-1.9圆盘耙如图4-14所示，技术参数如表4-6所示。

图4-14　1BQX-1.9圆盘耙

表4-6　1BQX-1.9圆盘耙技术参数

配套动力（马力）	88.2
外形尺寸（毫米）	5 102×3 528×1 083
工作幅宽（毫米）	3 400
耙地深度（厘米）	18~20
耙深稳定性变异系数（％）	≤20.0
地表平整度标准差（毫米）	≤45
整机重量（千克）	1 550
耙片数量（片）	32
碎土率（％）	≥55

4.4.3　驱动耙作业技术规程与作业标准

4.4.3.1　驱动耙的作业特点

水田驱动耙，是近年来推广的一种水田整地农具，它具有下列的特点：

（1）驱动耙的耙刀不会缠草，整地时间可把稻草翻入泥里，进行稻草回田。

（2）改变传统的先犁后耙的耕作方法，用驱动耙耕作水田，可以免去犁这道耕作工序，驱动耙代替了原来的犁和耙的作用。

（3）驱动耙耕作更符合水田整地的农艺要求，它耙得均匀平整，能够增产5％～10％。

（4）提高耕作效率，比原来采用先犁后用旋耕刀耙的方法，提高功效45％～50％并减少柴油消耗15％～20％。

4.4.3.2　驱动耙的构造

1BSQ—69型驱动耙是在旋耕机铊刀耙的基础上改进的，从手扶拖拉机的动力输出轴的动力传动结构以及其他机件与旋耕机铊刀耙基本一样，仅是把原旋耕机的铊刀装置改成圆柱形笼式的驱动耙。耕幅为690毫米，耕刀外径380毫米，如图4-15所示。

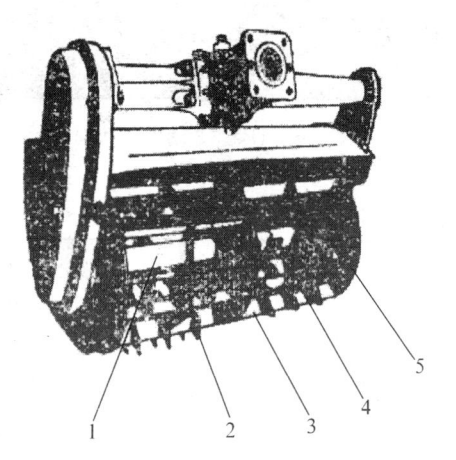

图4-15　1BSQ—69型驱动耙的构造
1.耙轴　2.辐板　3.横刀片　4.加固板　5.刀齿

驱动耙由耙轴（与旋耕机同）、辐板、横刀片、加固板、刀齿等组成。他们各自的功用如下：

辐板分布在两端和中间各一块，起支撑刀片的作用。辐板内孔与耙轴套焊接。横刀片，分左右两侧均匀、交错排列，每侧横刀片各六片，两侧共 12 片。为了增强翻土和覆盖性能，横刀片有一定的前倾角。加固板是为了加固横刀片，使横刀片减少变形。刀齿起碎土作用，刀齿焊在横刀片上，每片横刀片上焊接 3～4 个刀齿，共有刀齿 42 个，均匀分布。

驱动耙除了构造上与旋耕机铨刀耙不同外，其他使用、操作、保养以及耕作方法均与旋耕机相同。1BX-3 动力驱动耙如图 4-16 所示，技术参数如表 4-7 所示。

图 4-16　1BX-3 动力驱动耙

表 4-7　1BX-3 动力驱动耙技术参数

配套动力（千瓦）	80～184
外形尺寸（毫米）	1 500×3 100×1 200
整机重量（千克）	1 450
工作幅宽（毫米）	3 000
耙地深度（厘米）	30～180
作业速度（千米/小时）	2～10
耙深稳定性变异系数（%）	≤20
地表平整度标准差（毫米）	≤45
碎土率（%）	≥55

4.4.4 联合整地机作业技术规程与作业标准

4.4.4.1 联合整地作业的农业技术要求

1. 一般农业技术要求

（1）平：作业后的土壤表层没有垄起的土堆、土条和明显的凹坑。

（2）齐：田边地角要整到。

（3）松：作业后表层土壤疏松，保持适宜的紧密度。

（4）碎：土块要耙碎，不允许有尺寸大于10厘米以上的土块、泥条。

（5）净：地表要干净，肥料覆盖良好，无作物残茬和杂草裸露。

（6）墒：作业适时，墒情适当。

2. 耙地作业农业技术要求

（1）根据墒情确定耙深，一般轻耙深8～10厘米，重耙深12～15厘米，耙深合格率大于80%。

（2）耙后地表平整，上松下紧，每平方米内最大尺寸5～10厘米的土块不超过8块。

（3）不漏耙，少重耙，相邻两作业幅宽重叠量为10～20厘米。

（4）黏土地湿度过大或雨后耙地，一定要等地表凉晒干后进行，防止形成泥块或泥条。

3. 平地作业农业技术要求

（1）地面平整，无明显的土包和沟坑，尽可能缩小条田自然坡降。

（2）消除因耕作形成的垄沟、埂子等不平之处。

4. 镇压作业农业技术要求

（1）作业时不漏压，少重压，作业后达到地表平整一致。

（2）镇压作业达到压碎土块、压实耕作层的目的，使种子与土壤紧密接触。

4.4.4.2 联合整地作业的田间准备

1. 作业小区划分　整地作业一般按条田进行，当条田过大时可划分小区作业（也可根据不同墒情划分小区）。

2. 消除田间障碍物

（1）田间的渠沟与埂子要平整好。

（2）地表的树根、石块和作物茎秆要清除。

（3）不能清除的障碍物如电线杆、石堆、大坑等应作出明显的标记。

3. 插好第一行程标杆

（1）当采用多区对角耙时，事先选定作业运行路线，测量地块，划分小区，然后插上第一行程的标杆。

（2）采用其他作业方法时也要测量地块，从中心线或对角线偏过 1/2 工作幅度，插上第一行程标杆。

4.4.4.3 联合整地作业机组准备

1. 机组人员配备与要求

（1）联合整地机组每班次配备一名正式驾驶员，根据作业需要也可加配一名副驾驶员或农具手。

（2）驾驶员必须持有有效驾驶证件并熟悉机械的性能和使用维护知识。

2. 机具选型与编组

（1）草皮层较厚、土质黏重的新荒地或重盐碱地，应选用重型缺口耙。

（2）耕翻质量好或质地松软的熟地，一般均采用轻型圆盘耙。

（3）土质黏重的熟地可选用重型圆盘耙，如用轻型圆盘耙则要加重，保证入土深度。

（4）机具编组时以一台拖拉机牵引（悬挂）一台耙为宜。负荷小时可在圆耙后带钉齿耙、耱等进行复式作业。

3. 联合整地机械的技术检查与调整

（1）圆盘耙的技术检查与调整。

① 同一组耙片的刃口着地点直线度偏差小于 5 毫米，各耙片间距偏差小于 8 毫米。

② 耙片不变形，刃口厚度不大于 0.5 毫米。刃口斜面长，轻型耙为 8～10 毫米，缺口耙为 12～16 毫米。刃口角度为 15°～20°。

③ 耙片刃口有缺损时，缺损深度应小于 2 毫米，长度小于 15 毫米，一个耙片的缺损不得多于 3 处，且间距在 10 厘米以上。PY-3.4 型圆盘耙耙片直径小于 350 毫米时应更换。

④ 耙组装配后，耙片径向跳动不大于 5 毫米，其端面摆动，直径小于 560 毫米的不大于 5 毫米，直径等于或大于 560 毫米的不大于 8 毫米。

⑤ 方轴应平直，不变形，直线度误差不大于 5 毫米。

⑥ 刮土板应与耙片轻微接触，与耙片凹面间隙不大于 3 毫米。

⑦ 耙架不变形、不开焊，牵引主梁直线度偏差不大于 10 毫米，其他杆件直线度偏差不大于 5 毫米。轻型耙后列吊杆要配齐。

⑧ 偏角调节机构灵活，各部螺栓连接牢固，润滑点润滑良好。

⑨ PY-3.4 型圆盘耙在安装时，应注意后列耙组长拉杆装在 11 个耙片的耙组上，短拉杆装在 10 个耙片的耙组上，不可装错。

⑩ 耙深调整。耙的工作深度用改变相对前进方向的偏角或加重的方法来调整。

⑪ 水平调整。后列耙组凹面端用两根吊杆挂在耙架上，可限制凹端入土深度，改变吊杆固定位置，可调节耙组水平一致。

⑫ 调节挂钩在牵引点垂直调节板上 4 个孔的相对位置，使前后列耙深浅一致。

（2）钉齿碎土装置的技术检查。

① 耙架要平直，平面度误差不超过 5 毫米。

② 钉齿齐全紧固并用锁片锁定，垂直偏差不超过 3 毫米，长短相差不超过 10 毫米。

③ 钉齿尖端锐利，尖端棱角应位于耙的前进方向。

④ 耙间连接链环齐全。与机组连接时，其两侧链条长度应一致。

⑤ 作业时钉齿耙的牵引线应与水平成 $10°\sim15°$ 夹角。

（3）平地装置的技术检查。

① 机架无变形，各焊接点无脱焊和开裂。

② 刮土板上边缘与铲刀应平行，工作时刮土板的入土角应保持在 $40°\sim60°$，最大切土深度为 $150\sim200$ 毫米，铲刀刃口厚度不超过 2 毫米。铲刀应在同一直线上，偏差不大于 7 毫米。

③ 平土铲刀应和刮土板贴合紧密，其间隙不应大于 3 毫米，铲刀不允许低于铲壁。

④ 固定铲刀的螺钉不允许凸出铲面。

⑤ 行走轮应与地面垂直，在轮轴上转动灵活，不应有过大晃动量。铁轮的轮缘摆差不超过 10 毫米，轴和轴套径向间隙不超过 2 毫米，轴向间隙不超过 3 毫米，使用胶轮时，配装锥型滚动轴承，其径向和轴向间隙均不大于 0.35 毫米。

⑥ 转向机构灵活，可靠，操作轻便。

⑦ 角度调整机构不变形，调整轻便。

⑧ 非调整螺栓应紧固，按规定加装垫片或开口销、锁片。

⑨ 悬挂式平地机应要求液压系统工作可靠，水平调节和角度调节丝杆必须灵活轻便。1ZL－1.8 型联合整地机如图 4－17 所示，技术参数如表 4－8 所示。

图 4-17　1ZL-1.8 型联合整地机

表 4-8　**1ZL-1.8 型联合整地机技术参数**

外形尺寸（毫米）	4 800×2 200×900
配套动力（千瓦）	26～40
机具重量（千克）	1 200
耙片直径（毫米）	460
工作幅宽（毫米）	1 800
作业速度（千米/小时）	≤9
整地深度（毫米）	≥80
碎土率（％）	≥80％
整后地表标准差（毫米）	≤25

第五章

播种作业技术规程与作业标准

5.1 一般播种作业技术规程与作业标准

5.1.1 播种作业的农业技术要求

1. 适时播种 在当地规定的适播期内完成播种作业。

2. 播种技术要求

（1）播行要直。在 50 米播行内，大中型拖拉机播种的直线度误差不大于 8 厘米，小型拖拉机的误差不大于 15 厘米。

（2）行距一致。在一个播幅内行距偏差不超过 1 厘米。播幅间的交接行距偏差密植作物不大于 2 厘米，中耕作物不大于 8 厘米。

（3）播量准确。实测下种量与规定下种量的偏差，大粒种子如玉米、棉花、黄豆等不超过 2%；小麦、水稻等小粒种子不超过 3%。

（4）下籽均匀。播幅内各播行下种量偏差不超过 6%，穴播的穴粒数合格率大于 85%，空穴率不超过 3%。

（5）播深适宜。实际播深与规定播深的偏差：当规定播深为 3～4 厘米时，不超过 0.5 厘米；当规定播深为 5～6 厘米时，不超过 1 厘米。

（6）地头地边整齐。播到头，播到边，起落一致。

（7）覆土严密，镇压确实，无浮籽，早春播种待土壤解冻时方可进行，水稻茬地种冬麦，播后应随即镇压一遍。

3. 播种施肥技术要求

（1）最好种、肥分层施播。单播种肥时，肥料播深应大于种子播深 3 厘米。

（2）实际施肥量与规定下肥量偏差不超过±5%。

4. 其他技术要求

（1）种子清选后净度不低于 98%。播种时种籽机械破损率大粒种籽小于 1%，小粒种籽小于 0.5%。

（2）药剂拌种时，种、药混拌均匀。浸种或其他湿处理的种子，应干后播种。

5.1.2　播种作业前田间准备

1. 播种作业对条田的要求

（1）条田四边四角、引渠地埂等尽量修直取正，对临时沟埂要进行平整。

（2）影响播种质量的地表残茬、残根、石头等，必须清除干净。

2. 各种作物对地墒和土地平整的要求

（1）水稻。地表干，表土细碎，每平方米最大尺寸 5～10 厘米的土块不超过 5 块；同格田地面高差不超过 3 厘米，田埂高度不超过 30 厘米。

（2）小麦。表土细碎，有 1～2 厘米厚干土层；土壤过松不易限深时应播前镇压。条田内横埂应为龟背形，高度不超过 15 厘米。

（3）棉花。表土细碎，上虚下实，整地后晾晒一至两天，墒度适宜时方可播种。

（4）玉米、甜菜。表土疏松，无中层板结。

（5）油菜。表土细碎。

3. 清除障碍物

（1）对作业中不易看清或不能搬移排除的田间永久性障碍物，应在周围作出明显标志。

（2）机组通过的道路、桥梁等必须检查，其宽度不小于 5 米，并排除影响通行的障碍物。

4. 规划作业小区与划出转弯地带

（1）根据条田与机组编组情况正确划分作业小区，其宽度一般为工作幅宽的整倍数。

（2）根据机组工作幅宽和预定的播种方式划出地头起落线，一般转弯地带宽度为工作幅宽的 3～4 倍。

（3）地边线取直。机组第一行程的地边必须修直补齐，防止第一行程时行走轮上埝入沟或播不到边。

5. 播种作业的第一行程必须插标杆　标杆高度为 1.6～1.8 米，应插正、插牢并成直线，其位置应根据机组不同作业方式的行走路线来确定，计算方法见表 5-1。

表 5-1　各类播种方法标杆与边线距离计算公式

行走方法	标杆与边线距离（米）	测量说明
梭形播法	$B \cdot \left(N+\dfrac{1}{2}\right)+e \pm C_0$	从左边线量起取 $+C_0$ 从右边线量取 $-C_0$
离心播法（顺时针转）	$\dfrac{1}{2}(S \mp B) \pm C_0$	从左边线量起取 $+C_0-B_0$ 从右边线量取 $-C_0+B_0$
离心播法（反时针转）	$\dfrac{1}{2}(S \pm B) \pm C_0$	从左边线量起取 $+C_0+B_0$ 从右边线量取 $-C_0-B_0$
向心播法（顺时针转）	$\dfrac{B}{2}+C_0+e$	从左边线量起
向心播法（反时针转）	$\dfrac{B}{2}-C_0+e$	从右边线量取

注：表中：B——机组工作幅宽，米；

S——作业小区宽度，米；

C_0——拖拉机中心线到瞄准器之间的距离，米；

N——梭播法最后转大圈的圈数；

e——播种机两行走轮外缘距离减机组工作幅宽的1/2，米。

5.1.3 播种作业机组准备

1. 机组人员配备与要求

（1）通过培训、考核、练兵等方式，择优选用技术好素质高、持有有效驾驶证件的驾驶员，发给合格证参加播种。

（2）定机、定人、定岗位责任制，配足机组人员，播种机上必须有固定的农具员和辅助人员，人员在一个播种季节内必须保持相对稳定。

（3）机组人员必须熟悉拖拉机和播种机的结构、性能，掌握使用、保养、调整和排除故障等技能，了解有关安全知识。

2. 机具选型与编组

（1）条播密植作物，选用相应的条播机。

（2）中耕作物播种可用精量或半精量播种机，根据种籽大小及形状选用不同的排种器。

（3）小麦小畦灌溉区播种时，可采用 24 行条播机，播种机前部应带筑埂器，后面带覆土器与小环形镇压器。筑埂器的挂接位置应正确，刮土均匀，埂高 18～20 厘米。

（4）小麦格田灌溉区播种时，条播机后面带覆土环、小环形镇压器。

（5）中耕作物播种机后采用覆土器和局部镇压器，也可在种沟上增设压种轮。

（6）根据条田大小和拖拉机功率决定带单台或多台播种机作业。瘠薄土壤施肥量大时，可串牵两台播种机，前台施肥，后台播种，这时前台应取掉 2～3 个开沟器错开播行，施肥深度应比种子深 3～4 厘米。

（7）中耕作物播种机的工作幅宽应等于中耕机械、植保机械的工作幅宽或是其整倍数；同时调整拖拉机轮距，使轮子走在作物行间。

（8）凡采用机械收获的中耕作物，其播种行距与播幅应考虑与收获机械相匹配。

3. 播种机工作机构的技术检查与要求

（1）播种机应按出厂说明书的技术要求和有关技术资料进行检查。

（2）种子（肥料）箱内壁光滑，不漏种漏肥；箱盖开关灵活、扶手牢固；排种器与箱底间隙不超过1毫米。

（3）排种轴转动灵活，排种轮工作长度应相等，其误差不超过1毫米，保证各排种口的排种量误差不大于6％。

（4）排肥星轮转动灵活，与星轮座盘间隙不超过1毫米。

（5）播量调节杆移动灵活，空行程不大于两小格。

（6）螺旋输种（肥）管不应变形，与排种杯连接可靠，螺旋片之间的间隙不超过2毫米。

（7）开沟器导架无扭曲变形，各铰接点转动灵活。双圆片开沟器左右摆动量不大于±10毫米。

（8）开沟器安装距离相等，误差不超过±3毫米；所有开沟器最低点应在同一平面上，相差不超±5毫米。

（9）开沟器圆片直径磨损量不大于25毫米，刃口厚度不大于0.5毫米；同台播种机圆片直径相差不大于10毫米。

（10）开沟器圆片转动灵活，摆差小于3毫米；用手捏两圆片最宽处时，间隙应小于3毫米。

（11）圆片开沟器的刮泥板与两侧圆片应有1～2毫米间隙。

（12）弹簧伸缩杆不歪斜，弹力应相等；与轮胎轨迹相对应的伸缩杆其弹簧弹力应加大。

4. 播种机其他部件的技术检查与要求

（1）机架不得弯曲变形，开沟器安装梁弯曲度不超过10毫米。

（2）牵引三脚架不应变形，主梁必须满足悬吊筑埂器的强度要求。

（3）行走轮的径向和轴向摆差不超过 10 毫米，辐条不应断裂松动，轮轴与轴套间隙不大于 1.5 毫米。

（4）起落方轴无弯扭变形，其轴向游动量不超过 3 毫米；起落机构升降灵活可靠，滚轮径向磨损量不超过 6 毫米。

（5）传动齿轮（链轮）应在同一平面上，偏差小于 3 毫米；齿顶齿根间隙为 2～2.5 毫米。

（6）钩形链条安装正确，其松紧适度在手压链条中部时，其下垂度为 15～20 毫米。

（7）筑埂器各部固定可靠，升降机构灵活，运输及转弯升起时，刮土板下缘应离开地面 50～100 毫米。

（8）排种排肥齿轮、堵塞轮、链条、圆片开沟器等易生锈的转动件，播种结束后应拆下清洗干净存放库房，在临播前按技术要求进行安装调整，以保证其良好的工作状态。

5. 播种机技术改装建议

（1）对棉花、油菜等播深要求严格的作物，开沟器应加装限深装置。

（2）沙性土壤播种时要整机限深，可将播种机行走轮缘加宽 100 毫米，也可在轮缘外包废旧轮胎，用 M10 螺栓固定。

（3）播种量大，单排种器不能满足要求时，可用双排种器和双输种管向同一开沟器下种。

6. 播种机播种量的调整

（1）播种量计算。

$$Q=\frac{q \cdot B \cdot \pi \cdot D \cdot N(1+r)}{10\,000 \times 2} \qquad 式（5-1）$$

式中：Q——在规定试验行走轮圈数下，半台播种机的下种量，千克；

　　　q——每公顷播种量，千克；

　　　π——圆周率 3.141 6；

　　　D——行走轮直径，米；

r——滑移系数，通常取 $0.05\sim0.10$；

N——行走轮回转圈数。通常取 48.5。

每个排种口下种量：

$$g=\frac{Q}{\text{半台播种机排种口数}}\qquad\text{式（5-2）}$$

（2）播种（肥）量调整方法。先按计划播量确定排种轮的传动比并对排种槽轮的工作长度和排种间隙进行一致性检查。

① 垫起播种机，使行走轮离开地面。

② 将播量调节杆固定在适当位置（根据播种量和种籽大小而定），按籽种大小调整排种舌位置。

③ 种子箱内加 $2/3$ 容积的种子，接合传动装置，慢慢转动行走轮 $2\sim3$ 圈，使种子充满排种器。

④ 在输种管下面放置接种容器。

⑤ 按播种机作业的正常行走速度，即每分钟 $20\sim25$ 圈均匀转动行走轮 48.5 圈，分别称量各排种口的下种量，当各排种口下种量不均匀度超过 4% 时，应调整排种槽轮的工作长度。

⑥ 各排种口下种量之和，应符合规定播量要求，否则改变播量调节杆位置。反复调整试验 $2\sim3$ 次，直到符合播量允差范围为止。

⑦ 播肥量调整与上述播种量调整方法相似。

（3）播种量的田间校核调整。种子箱内加入少量种子使其充满各个排种器，清理箱底（箱底面上无种子），再把称好的种子加入种子箱内（不得少于容积的 $2/3$）。根据条田长度计算出每播一个单幅或一圈的面积，然后取出种子箱内的种子（清扫到箱底面上无种子）再称重，与加入种子重量相减，除以试播面积，即为每公顷实播量。若与规定有误差，再调整试播，直到符合要求为止。每次试播面积 24 行条播机不得少于 0.35 公顷，中小型播种机不得少于 0.2 公顷。

7. 划印器长度调整

划印器长度的计算公式：$M=\dfrac{B+a}{2}\pm C$　　　　式（5-3）

式中：M——划印器长度（由最外侧开沟器的中心线到划印器印迹之间的距离），米。

　　　　B——机组工作幅宽，米；

　　　　C——轮式拖拉机为拖拉机中心线到导向轮中心线的距离，链轨式拖拉机为拖拉机中心线到链轨外缘的距离，米；

　　　　a——播种行距（宽窄行播种时为接垄行行距），米。

式中±号，左划印器臂长用"＋"号，右划印器臂长用"－"号，不同的行走方法，其左、右划印器长度可按表5-2所示公式进行计算。

表5-2　各类播种方法左右划印器长度计算公式

机组运行方法	右划印器长度（米）	左划印器长度（米）
梭形播法	$\dfrac{B+a}{2}-C$	$\dfrac{B+a}{2}+C$
向心播法（逆时针转）		$\dfrac{B+a}{2}+C$
离心播法（逆时针转）	$\dfrac{B+a}{2}-C$	$\dfrac{B+a}{2}+C$ （只第一趟用左划行器）
向心播法（顺时针转）	$\dfrac{B+a}{2}-C$	
离心播法（顺时针转）	$\dfrac{B+a}{2}-C$ （只第一趟用右划行器）	$\dfrac{B+a}{2}+C$

注：要求同机组驾驶员播种作业时，必须看同一个瞄准目标。

8. 播种机组联结方法

（1）拖拉机与播种机直接联结，或通过联结器与播种机联结均应使播种机架保持水平状态，并与拖拉机中心线对称，保证作业时其阻力中心在牵引线上。

（2）牵引两台以上播种机时，要用三脚架延长联结，并适当配重以防止翘头。

9. 作业前其他物资准备

（1）种子、肥料提前运送到待播条田，做到运送及时，保证连续作业；种子、肥料要按条田区划，选择合适位置堆放，既要使机组加种肥方便，又不影响机组转弯和正常作业。

（2）准备筛子、垫布等，对易受潮结块和含杂量大的肥料，应就地粉碎过筛后使用。

（3）准备必要的手套、风镜、口罩等劳动保护用品。

5.1.4 播种作业方法和程序

1. 播种作业行走路线与方法

（1）梭形播种法。机组从条田一端进地，顺一侧开播，到地头转犁形弯调头，顺次向未播区推移作业。播完最后第二趟接着播一端地头，然后从最后一趟返回，播另一地头，播完后出地。由入口原处出地时，地头留 3 或 5 个播幅；由入口对面出地时，地头留 2 或 4 个播幅宽。见图 5-1a。使用悬挂播种机组时，地头宽度可适当减小。

（2）向心播种法。见图 5-1b。机组从规划小区或自然条田的左侧或右侧起播，到地头顺时针或逆时针转弯，由另一侧地边返回照此推移作业。剩最后一趟时播一端地头，播完后返回另一地头。此法适用于地边整齐田块。

（3）离心播种法。见图 5-1c。机组从规划小区或自然条田的中心起播，一般顺时针右转弯作业，从最后第四圈起转大圈同时播两端地头，播完后结束作业出地。

（4）两区套播法。见图 5-1d。面积大的条田可划分为作业小区，进行两区套播，小区宽度必须为机组幅宽的整数倍。机组从一区左侧开始播种，到地头后开起开沟器右转弯从第二区右侧返回，如此推移播完，最后播两个地头。地头宽度由机组宽度决定。

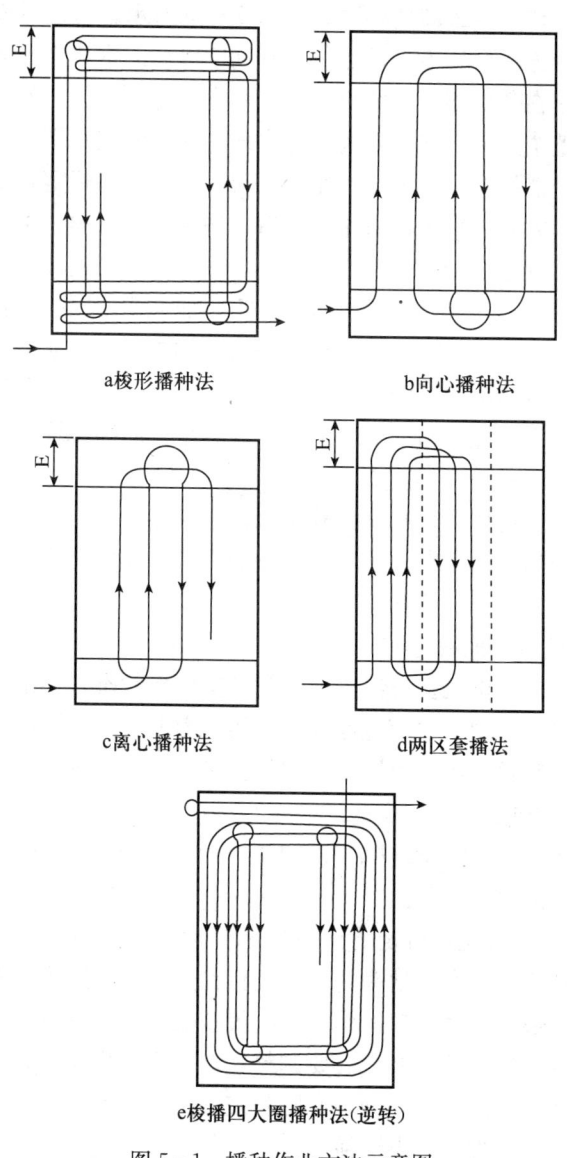

a梭形播种法　　　　　　　b向心播种法

c离心播种法　　　　　　　d两区套播法

e梭播四大圈播种法(逆转)

图5-1　播种作业方法示意图

（5）梭播四大圈播种法。如图 5 - 1e 所示。这是目前使用较多的播种方法，有不少优点，并有利于以后的中耕作业等。其具体规则是在条田四周预留四个工作幅宽，进行梭播，然后绕行四圈播完整个条田。如机组入地与出地在地头的同一端，则该地头应留五个播幅宽；如不在一端，则地头留四个播幅宽，最后四大圈的行走方向取决于梭播作业最后一趟的运行方向，可顺时针也可逆时针行进。

（6）小麦沟植沟播法。播种机上加装开沟器，可开出宽 40～60 厘米、深 12～15 厘米的种植沟，在沟的对应位置安装三至四个一组的圆片开沟器，其行距为 10～15 厘米。作业时种籽由圆片开沟器播入沟内土壤中，播种后需带局部镇压器，分组对各个种植沟进行局部镇压。

（7）中耕作物宽窄行播种法。根据农艺特殊要求，调整播种机圆片开沟器的距离，满足宽窄行的要求。并根据不同作物可增装限深器、限行器等其他工作附件。

2. 播种作业程序

（1）田间试机。机组进地后使其呈工作状态，不加种子进行试机，以检查划行器印迹距离、开沟器深度、行距与交接行距、排种排肥装置、覆土镇压等，达到技术要求后方可试播。

（2）试播。

① 试播由农户和机组人员共同进行，全面检查调整，达到要求后才能正式播种。

② 机组按规定行走方法对准标杆进行第一趟试播。匀速前进，中途不应停车，地头转弯后进行检查：扒开表土检查播深和每米下种数，按第一趟的作业面积校核播量，检查行距情况，检查种子覆土情况等；进行必要调整后进行第二趟作业，检查交接行距的情况以及有无漏种、漏肥和破籽、浮籽等。直至消除一切不正常状态后方可结束试播。

（3）机组正常作业。机组进行正式播种作业应匀速行进，时速一般不得超过 6 千米；接近地头起落线前 10～15 米时减速，先升起划印器，到起落线处升起圆片开沟器，转弯后进入起落线前放下圆盘开沟器，机组前后摆正后再放下划印器进行下一趟作业。机组在作业中一般不应换挡和停车，故障排除和检查调整尽可能在地头进行以保证播种质量。

5.1.5 播种作业中的检查与注意事项

1. 作业中检查

（1）作业中农具员应经常检查排种（肥）情况和种子箱、排种杯、输种管、开沟器有无杂物、泥土堵塞并及时清除；利用加种（肥）间歇时间检查播种各部技术状态，进行必要调整。

（2）机组应固定一名兼职田间作业质量检查员，每播种 2～3.5 公顷后按标准要求进行质量检查，及时纠正质量缺陷。

（3）播种（肥）量要进行核对，班次核对两次以上，根据实播面积和实际播种（肥）量核算每公顷实播量，播量不准确时进行调整。

（4）播种作业 4～5 小时后，进行班中检查保养，加注润滑油，紧固各部螺栓，检查各调整部件的正确位置，清除泥土杂物等。

2. 播种作业中应注意事项

（1）种子箱种籽不得少于其容积的 1/4。

（2）加种（肥）人员作好充分准备，机组到地头停车后快速加种（肥）以节省时间；种子应定量装袋，每袋以 30～40 千克为宜。

（3）作业中应注意在起落线处及时升降开沟器。不可漏放开沟器，一旦发现漏播，立即停车查明漏播地段，插上标记进行补种。

（4）作业中因故障不得已而停车时，必须将开沟器与划印器升起，倒退 2～3 米，再放下开沟器与划印器才能继续行进播种。

（5）播种机上不准超员超重，不得放置大量种子或肥料而影响操作和检查。

5.1.6 播种作业的质量检查验收

1. 作业质量的验收在播种结束后进行，按照技术要求的内容进行全面检查验收。

2. 验收方法是在条田的两个对角线上各取 4～5 个点，在规划区或自然条田田埂内侧第 3～4 个播幅上各取 2～3 个点，每点两行，每行取 10 米长进行检查验收。

3. 出苗后质量评定。在播种后出苗显行时抓紧进行，这是检查播种质量有效的方法，如有漏播现象可采取补救措施；出苗后质量评定主要看行距与交接行距的一致性，有无漏播重播现象以及地头地边和地角的播种情况等。

4. 作业质量检查验收由农户与机组人员共同进行。

5.1.7 播种作业安全技术要求

1. 对操作人员的安全要求

(1) 作业前应对操作人员进行相应的安全教育，明确分工，各负其责。

(2) 机组人员应使用劳保用品，使用拌有农药的种子时一定要戴手套、口罩等。剩余种子应妥善保管，以防人员中毒。

(3) 作业中不准在划印器前站人，也不许人员在作业机组前来回走动。

(4) 在田间转移和道路运输时，播种机上禁止站人或坐人。长距离运输，必须装车运送。

2. 对机具的安全要求

(1) 牵引播种机注意联结可靠，对多台播种机组更应检查联结的牢固性。

(2) 运输时要锁定好划印器，圆片开沟器最低点离地面高度应大于 11 厘米。

(3) 拖拉机与播种机之间应有固定有效的联系设备或联络

信号。

（4）作业结束后，及时清理种子箱、肥料箱等。

3. 播种作业中安全要求

（1）机车起步要发出信号，确信安全方可慢速起步。

（2）非农具手不能停留在播种机上，行驶中农具手应站在脚踏板上，不准坐在播种箱盖和机架上。

（3）严禁在作业中用手或铁器拨种拨肥，工作和传动部件缠草堵塞时必须停车清理。

（4）严禁在作业中对机具进行调整、修理和加注润滑油。

（5）加种加肥工作必须停车进行。

（6）开沟器入土后不准倒退或急转弯，以免损坏机具。

4. 防火安全要求

拖拉机不得漏电漏油，不许用明火照明排除故障，添加油料时严禁烟火。

常用的施肥播种机如图 5-2、图 5-3、图 5-4、图 5-5 所示，对应的技术参数和技术规格如表 5-3、表 5-4、表 5-5、表 5-6。

图 5-2 BF-10 新型施肥播种机

表 5-3　BF-10 施肥播种机主要参数和技术规格表

配套动力（千瓦）	12～18
外形尺寸（毫米）	1 300×2 040×1 220
结构质量（千克）	320
基本行距（毫米）	150
播种行数（行）	12
工作幅宽（厘米）	180
种子破损率（%）	≤0.5
播种均匀性变异系数（%）	≤45
各行排种量一致性变异系数（%）	≤3.9
种子复土深度合格率（%）	≥75

图 5-3　2B-16 谷物播种机

表 5-4　2B-16 谷物播种机主要参数和技术规格表

配套动力（千瓦）	22～36
外形尺寸（毫米）	1 450×2 800×1 050
作业速度（千米/小时）	3～6
结构质量（千克）	420
播种宽幅（毫米）	2 400
种子破损率（%）	≤1.0

（续）

穴距合格率（%）	≥80
各行排种量一致性变异系数（%）	≤13.0
种子复土深度合格率（%）	≥75
挂接方式	后三点悬挂式

图 5-4　2BMFT-6 番茄施肥播种机

表 5-5　2BMFT-6 番茄施肥播种机主要参数和技术规格表

配套动力（千瓦）	≥40
作业速度（千米/小时）	3～4
工作幅宽（毫米）	3 900(4 200)
行距（厘米）	50(60)+80
行数	6
铺膜幅数	3
膜下播深（厘米）	1.5～2.5
空穴率	≤2%
穴粒数	5～12

（续）

穴粒数合格率	≥85%
地膜宽度（毫米）	900(1 200)
采光面宽度合格率	≥70%

图 5 - 5　2BF - 16 播种机

表 5 - 6　2BF - 16 播种机主要参数和技术规格表

配套动力（马力）	40.4~58.8
外形尺寸（毫米）	1 800×3 120×1 420
作业速度（千米/小时）	4~6
结构质量（千克）	620
播种宽幅（毫米）	1 600
种子破损率（%）	≤1.0
穴距合格率（%）	≥80
各行排种量一致性变异系数（%）	≤13.0
种子复土深度合格率（%）	≥75
挂接方式	后三点悬挂

5.2　铺膜播种作业技术规程与作业标准

5.2.1　铺膜播种作业的农业技术要求

1. 适期铺膜播种　冬灌地在开春整地后可立即铺膜保墒，待 10 厘米深土层温度达 10 ℃以上时，及时播种、覆土；春灌地在 10 厘米深土层温度稳定在 10 ℃以上而墒度又合适时整地播种。

2. 播种技术要求

（1）播行端直。50 米播行内直线偏差不大于 8 厘米。

（2）行距一致。在一个播幅内与规定行距偏差不大于 1 厘米。

（3）播量准确。与规定播量偏差不超过 3%。

（4）下籽均匀。条播排种均匀性变异系数小于 40%，穴播的穴粒数合格率大于 85%，空穴率小于 2%。

（5）播深适宜。播种深度与规定播深的偏差。当规定播深为 3~4 厘米时，偏差不超过 0.5 厘米；当规定播深为 5~6 厘米时，偏差不超过 1 厘米。

（6）膜孔应对准种孔，错位率小于 3%。飘籽率不超过 1%。

（7）种籽破损小，机械破损率不大于 1%。

（8）地头铺膜播种整齐，起落一致。

（9）漏播面积和重播面积之和不得大于播种面积的 0.5%。

3. 播种施肥技术要求

（1）实际施肥量与规定施肥量偏差不超过 5%，施肥均匀，不漏不撒。

（2）施肥位置准确。肥料深度比种籽深度深 3 厘米，并应在种籽侧面 5~7 厘米处；施肥深度一致，其偏差不超过 1.5 厘米，肥行至相邻种行距离一致，其偏差不超过 1 厘米。

4. 铺膜技术要求

（1）地膜破损程度每平方米内不应有大于 2.5 厘米的孔洞。

（2）地膜两侧应可靠地埋入土中，每侧覆土宽度为 5～8 厘米，覆土宽度合格率大于 90%。

（3）膜孔覆土率不小于 95%。膜孔覆土厚度为 1.0±0.5 厘米，覆土厚度合格率大于 85%。

5.2.2 播种作业田间准备

1. 膜播作业对条田的要求

（1）待播条田必须适时耕整，整地质量应符合农业技术要求。

（2）条田整地后应晾晒一至两天，表土有 1～2 厘米干土层时方可铺膜播种。

（3）影响膜播作业质量的地表残留物，如残膜、残根、残株、石头等应予清除干净。

（4）平好地头渠埂及田间入口处，使其符合机组进地和地头转弯宽度的要求。

（5）跨越埂子铺膜播种的条田，应事先将地埂平掉。

（6）棉花铺膜播种前应及时喷洒除草剂，施药后立即耙地（耙深 8～10 厘米，接着播种）。

2. 清除障碍物

（1）条田内凡属永久障碍物，如电杆及拉线、水井、石堆等，都应作出明显标志；凡属临时性障碍物，如土堆、沙丘、肥堆等均应排除。

（2）机组通过的路面、桥梁必须有足够的宽度，要清除障碍物，填平凹坑，确保安全运行。

3. 规划作业小区和划出转弯地带

（1）根据条田情况与机具编组划分作业小区，其宽度一般为工作幅宽的整数倍。

（2）划出机组地头起落线，地头宽度为工作幅宽的 2～4 倍。

（3）划出地头放（切）膜线。放（切）膜线与起落线平行，距起落线 0.3 米为宜。

（4）地边线取直。机组第一行程的地边必须修直补齐，无法修直时，可用拉线代替地边线。

4. 在播种作业的第一行程位置上插上标杆

（1）标杆高度 1.6～1.8 米为宜，应插正，插牢并成直线，当从条田一侧采用梭播向左（右）

推移时，悬挂机组其位置由公式（5-4）确定：

$$E=\frac{1}{2}B\pm C_0+e \qquad\qquad 式（5-4）$$

式中：E——标杆与地边线的距离，米；

　　　B——机组工作幅宽，米；

　　　C_0——拖拉机中心线与瞄准器的距离，米。从左向右播为 $+C$，反之为 $-C_0$。

上述公式适用于悬挂机组。

（2）牵引式机组其标杆位置由公式（5-5）确定：

$$E=\frac{1}{2}B\pm C_0+e \qquad\qquad 式（5-5）$$

式中：e——播种机两行行走轮边缘距离减去机组工作幅宽的 $\frac{1}{2}$，米。

5.2.3　播种作业机组准备

1. 机组人员配备与要求

（1）作业机组人员必须经过铺膜播种作业技术培训，掌握机械的构造、使用、保养、调整和排除故障的技能以及有关安全知识。驾驶员应持有有效驾驶证件和铺膜播种机操作许可证。

（2）机组辅助人员亦应具备基本的铺膜播种知识和安全常识。

（3）按机具编组情况，一或二幅膜的作业机组配驾驶员 1 人，辅助人员 2 人；二幅膜以上作业机组配驾驶员 1～2 人，辅助人员 3～5 人。在一个播种季节内，机组人员要定机、定岗、定责。

2. 机具选型与编组

（1）根据不同的铺膜播种方法选择不同的机型，再根据拖拉机功率的大小进行配置编组。

（2）中耕作物铺膜播种机的编组，应考虑与中耕机具相配合，辅膜播种机的工作幅宽，应与中耕机具的工作幅宽相等或是其整数倍。

3. 铺膜播种机工作机构的技术检查与要求

（1）检查工作机构的完整性，各工作部件、零件必须完好无缺，无损坏变形。

（2）检查各工作部件、零件安装位置的正确性，必须按照产品说明书的要求正确安装，各配合间隙与距离尺寸符合要求。

（3）检查各紧固件的紧固性、转动件灵活性及传动机构的可靠性。

（4）对各润滑点加注润滑油。

4. 铺膜播种机的调整

（1）播种量、施肥量的调整。

① 播种量、施肥量计算。条播计算式为：

$$Q = \frac{q \cdot B \cdot \pi \cdot D \cdot N(1+r)}{10\ 000 \times 2} \qquad \text{式 (5-6)}$$

式中：Q——在规定试验行走轮圈数下，半台播种机的下种（肥）量，千克；

q——每公顷播种（施肥）量，千克；

π——圆周率 3.141 6；

D——行走轮直径，米；

r——滑移系数，通常取 0.05～0.10；

N——行走轮回转圈数；

B——播种机工作幅宽，米。

当半台播种机下种（施肥）量求出后，根据半台播种机的排种器数，求出每个排种器应排出的种子（肥）量。

② 当用槽轮排种器条播时，播种量和施肥量的调整可采取改变排种（肥）轮相对行走轮的转速比或调整槽轮的工作长度来实现，排种舌施肥时应放在上位，播棉花、玉米等大粒种子时应放在下位。

③ 种子穴粒数的调整。可按以下方法在现场进行调试：将铺膜播种机排种滚筒以后的覆土圆盘、覆土器等零件拆除，在滚筒内按要求填装种子，不装膜卷，机组按正常作业速度进行试播，然后检查排种情况，直到穴粒数和空穴率达到要求为止。

（2）穴距调整是改变滚筒上鸭嘴固定片的数量和相对距离来实现。

（3）穴播深度由滚筒上鸭嘴的长度来确定，改变播深，必须更换相应长度的鸭嘴。

（4）弹簧加压式深浅调节机构的播种机可转动手轮来调整条播深度，增加播深时可顺时针方向转动手轮，反之播深减小。

（5）施肥深度调整。用滑刀式开沟器施肥时，改变开沟器柄相对位置即可调整深度；用圆盘开沟器施肥时，调整方法同上条。

（6）覆土量的调整。可用改变覆土圆盘与机组前进方向的偏角大小来实现。

（7）覆土宽度调整。改变覆土器的相对位置即可。

（8）划印器长度的调整（梭形播法）。

拖拉机某个部位对准划印器印迹时，划印器臂长按下式计算：

$$M=\frac{B+a}{2}\pm C \qquad\qquad 式（5-7）$$

式中：M——划印器臂长（为最外侧开沟器到划印器印迹之间的距离），米；

$\qquad B$——机组工作幅宽，米；

$\qquad C$——轮式拖拉机为拖拉机中心线到导向轮中心线的距离，链轨式拖拉机为拖拉机中心线到链轨外缘的距离，米；划印器右臂长取 $-C$，左臂长 $+C$。

$\qquad a$——行距，米。

5. 机组的联结与牵引

（1）用轮式拖拉机作业时，应按不同作物的行距来调整拖拉机轮距，使轮子走在作物行间，用履带拖拉机作业时，也应使履带处于行间。

（2）拖拉机与铺膜播种机挂接时，机具中心线应与拖拉机中心线重合，按规定的连接位置挂接，并保证有良好的仿形性。

（3）连接后的机组应使机具在作业中前后、左右保持水平状态。悬挂机组应使其左右牵引板的拉紧链拉紧并锁定，不得左右摆动，作业时应将液压操纵杆放在"浮动"工作位置。

（4）悬挂铺膜播种机升起时，如拖拉机有翘头现象，可在拖拉机前横梁或前轮上加配重。

6. 作业前其他物资准备

（1）种子要经过精选和处理，种子大小基本一致。

（2）种肥使用颗粒状化肥，播前过筛，颗粒最大直径不大于4毫米，并具有较好的流动性。

（3）膜卷直径不大于25厘米，两端整齐，不黏结，无明显皱折、破损。膜卷芯管不允许弯曲变形或破损，芯管两端应伸出膜卷两端面1.5～2厘米。

（4）作业前将合格的种子、化肥、地膜等运到地头，放在不影响机组转弯和运行的地方。

（5）给机组人员配发必要的手套、风镜、口罩等劳动保护用品。

5.2.4　铺膜播种作业方法和程序

1. 作业行走路线与方法

（1）铺膜播种作业机组一般为单台悬挂或单台牵引，采用梭形播种方法。

（2）梭形播种时，机组从一端地头进地，顺条田一侧长边方向开播，到地头转犁形弯调头，顺次向另一侧推移作业，一直播到条田倒数第二个行程后，播条田一端的地头。

（3）地头铺膜播种仍采用梭形播法，播完一个地头后，再铺膜播种条田长边的最后一个行程，并播另一地头，播完出地。

（4）当条田宽是播幅的偶数倍时，其行走方法如图 5 - 6a；当是奇数倍时，其行走方法如图 5 - 6b。

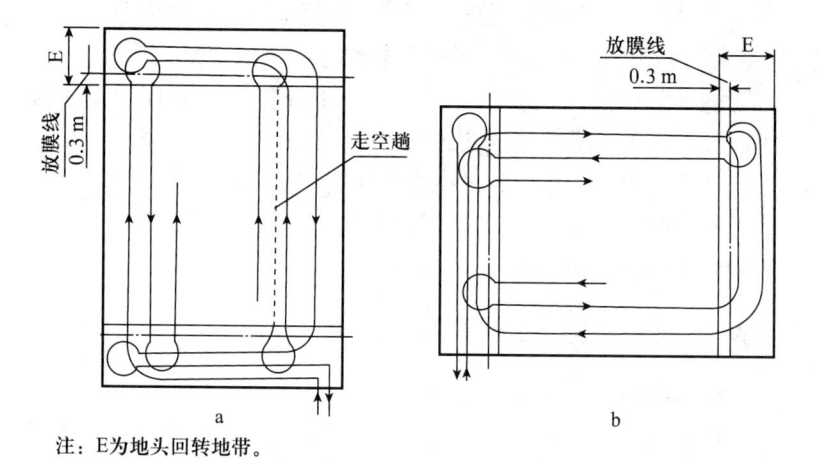

注：E 为地头回转地带。

图 5 - 6　铺膜播种作业行走示意图

2. 铺膜播种作业程序

（1）田间试机。机组进地后不加种、肥，不放膜卷，使各部成工作状态进行试运行，检查各部件安装的正确性和紧固性、划印器长度、传动机构的灵活性、膜床是否符合要求、开沟深度、覆土情况、行距、穴距、交接行距，排种排肥装置，小畦埂高度等，完全符合要求后方可试播。

（2）试铺试播。这是保证播种作业质量关键，由农业技术人员、农机人员、生产单位负责人共同参加试播，进行必要的检查和调整，达到质量要求后才能正式播种。

① 给铺膜播种机加种、加肥，放置膜卷，运行至第一行程的起落线外，准备试播。

② 第一行程试播机组对准标杆，拉出膜铺放在膜床上，将膜的端头对齐放（切）膜线，压好土，机组缓慢起步进入正常试播。当机组运行到覆土装置末端超过另一地头起落线 40～50 厘米处停止作业，给膜压好土，对准切膜线切断膜。提升工作机构，转犁形弯调头，即可进入下一个试播行程。此时机车对准划印器印迹行进，并注意适度校正第一行程造成的局部弯曲。

③ 在试播中应检查播种量、播种深度、施肥量、施肥深度、有无漏种漏肥以及穴粒数、空穴率；检查膜的贴合度、膜边覆土、膜孔覆土、膜的破损的透光率等，必要时进行调整。

（3）机组正常作业时机组作业速度应能保证作业质量。机组接近地头起落线前 10～15 米时应减速，停车后必须在膜压好土、切断后再慢速转弯。

5.2.5　播种作业中的检查与注意事项

1. 铺膜播种作业中的检查

（1）机组在正常作业中，应经常检查铺膜和播种质量，发现问题及时解决。

（2）在地头转弯时要注意检查种子箱与肥料箱的种、肥情况，当种子箱的种子少于其容积的 1/5 时，要及时加种。

（3）注意清除排种杯、输种管、输肥管及种子箱、肥料箱中的杂物。

（4）及时清除开沟器和覆土装置上的泥土杂草和废膜等杂物。

（5）经常检查播种滚筒的鸭嘴开闭是否灵活，有无堵塞现象和松动、丢失。滚筒鸭嘴的开度应达到 10～20 毫米。

（6）经常检查膜边覆土情况，对膜面破损处要及时压土。

（7）机组作业时，辅助人员要及时对漏播、漏覆土的地段进行补种、补覆。当情况严重时及时停车检查、排除故障。

（8）按使用说明书对机车和铺膜播种机及时认真进行班中和班次保养，检查各紧固部位是否松动，转动部件是否转动灵活；并进行必要的检查调整和润滑、清扫。

（9）经常检查悬挂架上的左右拉紧螺栓是否拧紧。

（10）每班结束时，及时清理分种器。

2. 铺膜播种作业中应注意事项

（1）当风力超过 4 级时应停止播种作业。

（2）作业中因断膜而停车时，须先升起铺膜播种机，后退到使膜重新压好土，再继续作业。

（3）机组地头转弯前后应注意起落线，及时准确地起落铺膜播种机。

（4）地头压膜、切膜时应注意放（切）膜线，做到及时、准确、整齐，使膜端头在一条直线上。膜端用土压实，防止作业中地膜移动造成孔穴错位。

（5）播种机上不准超重，不得放置大量种子、肥料、地膜而影响操作和检查。

5.2.6　铺膜播种作业质量检查与验收

1. 作业质量检查与验收在条田播种作业结束后，按本标准中各项要求进行。

2. 检查方法是按条田对角线随机抽样检查打分，1 公顷以上条田抽查 5～10 个点，1 公顷以下地块抽 3～5 个点，每点两行，每行长度 10 米，逐项检查，填写验收单。

3. 作业质量检查验收由农户与机组人员共同进行。

4. 出苗后质量评定。在出苗显行后主要检查行距的一致性、漏播情况及地头、地边播种质量。

5.2.7 铺膜播种作业安全技术要求

1. 对操作人员的安全要求

（1）作业前应对操作人员进行相应的安全知识教育，明确分工，各负其责。

（2）机组人员应配发劳保用品，播种拌有农药的种子时，一定要戴上口罩与手套。剩余种子要妥善保管，以防人员中毒。

（3）作业中禁止在拖拉机挡泥板上坐人或站人。

（4）机组作业时不准在划行器前站人，也不准人员在机组前来回走动。

（5）在田间转移和道路运输时，播种机上禁止坐人或站人。

（6）作业时，操作人员不准穿宽大衣服，妇女的发辫应盘好包好。

2. 对机具的安全要求

（1）悬挂机组各悬挂点必须联结可靠，牵引吊杆要锁紧，拉紧螺栓应拉紧锁牢，不得左右摆动。安全防护完好，安全标志明显。

（2）牵引机组连接必须可靠，并加装保险链。

（3）运输时划印器应竖起并固定牢靠，播种机应处于全悬挂状态，将排种器、覆土装置等折叠锁定或牢固绑在机架上。长距离运输应将工作部件装入拖车运送，避免损坏。

（4）拖拉机与播种机之间应装有有效的联络设备或约定联络信号。

3. 铺膜播种作业中安全要求

（1）机车起步前要发出信号，确认安全无误时，方可慢速起步运行。

（2）严禁在作业中用手或铁器拨种拨肥，不准在作业中加种加肥和更换膜卷。

（3）不准在作业中清理堵塞物和修理、保养、调整机具。

（4）机组在作业状态时严禁急转弯或倒退，以防损坏机具。

（5）悬挂机组在操纵液压手柄时，要敏捷、准确、轻快，使播种机轻起轻落。

（6）悬挂机组在田间转移时，应使机具升到最大高度，转移时注意播种机的自然下沉。

4. 防火安全要求 拖拉机不得漏电、漏油，不许用明火照明排除故障，添加油料时禁止烟火，图 5-7、图 5-8 为新疆常用的铺膜播种机，表 5-7、表 5-8 为对应的技术参数。

图 5-7 2BM-6 棉花铺膜播种机

表 5-7 2BM-6 棉花铺膜播种机主要参数和技术规格表

作业行数	6
作业效率（亩/小时）	2.5～4
播种深度（厘米）	2～4（可调）

（续）

种子破损率	≤1%
施肥量（千克/亩）	0～50
铺膜宽度（厘米）	70～100

图 5-8 2MB-3/12 铺膜播种机

表 5-8 2MB-3/12 铺膜播种机主要参数和技术规格表

配套动力（千瓦）	37～55
外形尺寸（毫米）	5 200×2 400×2 000
播种深度（毫米）	20～40
整机重量（千克）	760
株距（毫米）	90～110（可调）
穴粒数合格率（%）	≥85
空穴率（%）	≤2.0
膜下播深合格率（%）	≥85
种子复土厚度合格率（%）	≥90
适合膜宽（毫米）	1 400、1 600、1 800

5.3 穴播作业技术规程与作业标准

5.3.1 农业技术要求

1. 适期铺膜播种 在气温、地温、土壤湿度适宜作物播种要求时，应及时整地、铺膜播种。

2. 精播技术要求

（1）播行端直。50米播行内直线偏差不大于8厘米。

（2）行距准确。在一个播幅内与规定行距偏差不大于1厘米，播幅间连接行距偏差不大于5厘米。

（3）下籽准确。穴粒数合格率大于85％，空穴率不大于3％。

（4）播深适宜。播种深度与规定播深的偏差不大于1厘米，播深合格率大于85％。

（5）膜孔与种孔的错位率不大于3％。飘籽率不大于1％。

（6）作业中种籽机械破损率不大于0.5％。

（7）起落一致，地头整齐，不漏播不重播。

3. 滴灌管铺设技术要求

（1）滴灌管按农艺要求的位置进行铺设，不应有拉伸和扭曲。

（2）铺设滴灌管后的膜床，应不影响铺膜质量。

4. 地膜铺设技术要求

（1）每平方米地膜采光面内不应有周长大于5厘米的破损。

（2）地膜两侧应可靠埋入土中，膜面平整，采光面光洁。

（3）膜孔覆土率大于95％，覆土带宽度不大于7厘米，覆土厚度为1.0±0.5厘米；膜孔覆土合格率大于85％。

5.3.2 田间准备

1. 对条田的要求

（1）适时耕整，整地质量应符合农业技术要求。

（2）水分太大的条田整地后应晾晒一至两天。待表土有1～

2 厘米干土层时方可精播。

（3）播种前按要求及时喷洒除草剂，喷洒后应立即耙地。

（4）影响作业质量的地表残留物，如残膜、残根、残株、石块等应予清除干净。

（5）平好地头渠埂及田间入口处，使其符合机组进地和地头转弯的要求。

（6）条田内凡属永久障碍物，如电杆及拉线、水井、石堆等，都应做出明显标志；凡属临时性障碍物，均应排除。

2. 对路面的要求　机组通过的路面、桥梁必须有足够的宽度，要清除沿途的障碍物，填平凹坑，确保安全运行。

3. 作业小区划分

（1）根据条田情况与机具编组划分作业小区，其宽度一般为工作播幅的整数倍。

（2）作业小区划分，应尽量采用出地转弯方式；对不能出地转弯的地块，应划出机组地头起落线，地头宽度为工作幅宽的 2～4 倍。

（3）在播种作业的第一行程位置插上标杆，标杆高度 1.6～1.8 米为宜；标杆应插在基本与地面垂直的位置，牢靠并成直线，当从条田一侧采用梭播向左（右）推移时，标杆位置一般由式（5-8）确定

$$E = 0.5B \pm C \qquad\qquad 式（5-8）$$

式中：E——标杆与地边线的距离，米；

　　　B——机组工作幅宽，米；

　　　C——拖拉机中心线与瞄准器的距离，米（从左向右梭播为 $+C$，反之为 $-C$）。

5.3.3　机组准备

1. 机组人员配备

（1）作业机组人员必须经过精播作业技术培训，掌握机械的

构造、使用、保养、调整和排除故障的技能以及有关安全知识。驾驶员应持有有效驾驶证件和操作许可证。

（2）机组辅助人员应具备基本的精播知识和安全常识。

（3）按机具编组要求配备驾驶和辅助人员，机组人员应定机、定岗、定责。

2. 机具的技术检查

（1）检查工作机构的完整性，各工作部件、零件必须完好无缺，无损坏变形。

（2）检查各工作部件、零件安装位置的正确性，必须按照产品说明书的要求正确安装，各配合间隙与尺寸符合要求。

（3）检查各紧固件的紧固性，转动件的转动灵活性及传动机构的可靠性。

（4）对各润滑点加注润滑油。

3. 主要部件的检查调整

（1）穴播器。穴播器在安装前必须在穴播器试验台上进行台架试验合格，播种前必须在条田中试播，检验台架试验的可靠性。穴粒数采用更换吸种盘予以调整。

（2）滴灌管卷。滴灌管卷转动灵活，无卡滞，铺管轮按农艺要求调整到指定位置。

（3）风机。风机安装前必须在专用试验台上调试合格，风机传动皮带的紧度必须按照使用说明书的要求调紧；所有气流管道不允许有任何破损，接头处不得漏气，管道布置应尽量缩短长度避免硬弯。

（4）铺膜机构。膜卷放膜应顺利无卡滞，膜卷左右窜动不明显；压膜轮应对准膜沟，随地仿形且转动灵活；展膜辊转动灵活、无卡滞、左右窜动不明显；膜边覆土装置随地仿形且转动灵活、各调节部位调节方便可靠。

（5）穴孔覆土机构。覆土滚筒应转动灵活、无卡滞、左右无串动，滚筒上的覆土缝环应对准膜孔；取土圆盘应准确将充足土量甩进覆土滚筒；滚筒上的覆土缝环应能调整覆土带的宽度和厚度。

（6）划行器（梭形播法）。拖拉机瞄准点对准划行器印迹时，划行器臂长按式（5-9）计算：

$$M=0.5(B+A)\pm C \qquad 式（5-9）$$

式中：M——划行器臂长（最外侧穴播器鸭嘴中心到划行器印迹间距离），米；划行器臂长：左$+C$，右$-C$；

B——机组工作幅宽，米；

C——为瞄准点到机组中心线的距离，米；

A——连接行行距，米。

4. 机组的联结

（1）联结后的机组应使置于地面的机具保持水平状态。其左右牵引板的拉紧链拉紧并锁定，不得左右摆动，作业时应将液压操纵杆放在"浮动"工作位置。

（2）动力输出轴的连接必须保证安全可靠，不影响机组的升降。

（3）播种机升起时，如拖拉机有翘头现象，允许在拖拉机前横梁上或前轮上加适当配重。

5. 其他物资准备

（1）种子应达到精量播种对种子质量的要求。

（2）膜卷直径不大于 25 厘米，两端整齐，不黏结，无明显皱折、无破损。膜卷芯管不允许弯曲变形或破损，芯管两端应伸出膜卷两端面 1.5～2 厘米。

（3）机组人员配发必要的手套、风镜、口罩等劳动保护用品。

5.3.4 注意事项

1. 机组在正常作业中，应经常检查铺膜、铺管和播种的质量，发现问题及时解决。

2. 在地头转弯时要注意检查种子箱，当种子箱的种子少于其容积的 1/5 时，要及时加种。

3. 及时清除各作业部件上缠绕的泥土杂草和废膜等杂物。

4. 经常检查穴播滚筒的鸭嘴开闭是否灵活，开度应大于 16 毫米；如有堵塞、松动和零件丢失现象应及时修复。

5. 经常注意风扇皮带的张紧度，松动时应及时进行张紧。

6. 按使用说明书对机组及时认真进行班中和班次保养，检查各紧固部位是否松动、转动部件是否转动灵活，并进行必要的调整、润滑和清扫。

7. 经常检查拖拉机悬挂架上的左右拉紧螺栓是否拧紧。

8. 作业中一般不允许停车，必须临时停车时，不允许将油门减小到风机吸不住种籽。

9. 作业中必须停机时，再作业前应先升起精播机，在风机正常工作情况下先用手转动每一个穴播器不少于一圈，然后后退到有种籽处将膜重新压好土，再放下机具继续作业。

10. 播种机上不得放置大量种子、地膜等物，以防超重而影响机具操作。

5.3.5　作业质量检查与验收

1. 作业质量检查与验收　按本规程中各项要求由农户与机组人员共同进行。

2. 检查方法　用条田对角线随机抽样检查打分，1 公顷以上条田抽查 5～10 个点，1 公顷以下地块 5 个点。

5.3.6　作业安全技术要求

1. 操作人员的安全要求

（1）作业前应对操作人员进行相应的安全知识培训，落实安全生产责任制，明确分工，各负其责。

（2）机组人员应配发劳保用品，播拌有农药的种子，必须戴上口罩与手套。剩余种子要妥善保管，以防人员中毒。

（3）作业中禁止在不允许站人处坐人或站人。

（4）在田间转移和道路运输时，播种机上禁止坐人或站人。

（5）作业时，操作人员不准穿宽大衣服，妇女的发辫应盘好包好。

2. 机具安全要求

（1）机组各悬挂点必须联结可靠；牵引吊杆要锁紧，拉紧螺栓应拉紧锁牢，不得左右摇动。安全防护装置完好。安全标志明显。

（2）运输时划行器应竖起并固定牢靠，播种机应处于全悬挂状态；将铰接的工作部件销定或牢固绑在机架上。长距离运输时应将工作部件装入拖车运送，避免损坏。

（3）拖拉机与播种机之间应装有有效的联络设备，驾驶与辅助人员间应约定联络信号。

3. 作业中的安全要求

（1）机车起步前要发出信号，确认安全无误时，方可慢速起步运行。

（2）不准在作业中清理堵塞物和修理、保养、调整机具。

（3）作业中严禁急转弯和倒退，以防损坏机具。

（4）操作液压手柄时，应使播种机轻起轻落。

（5）机组在田间转移时，应保证机具升到最大高度并可靠锁定。

4. 防火安全要求

拖拉机不得漏电、漏油，不许用明火照明或排除故障。添加油料时严禁烟火。图 5-9、图 5-10 所示为棉花和玉米穴播机。

图 5-9 所示为两膜 12 行棉花播种机，该播种机是复式作业机具，能一次完成种床镇压、开膜沟、铺膜、膜边覆土（一级覆土）、膜上打孔播种、膜孔覆土（二级覆土）和种行镇压（需特

图 5-9 两膜 12 行棉花播种机

图 5-10 2BYQFH-4 穴播机

殊订购件）多项作业。

此铺膜播种机可用于棉花的铺膜播种作业。

此铺膜播种机仅用于在无杂草、土壤松碎的沙壤、轻黏类型的土壤中进行铺膜播种作业，适应的地膜厚度为 0.008～0.014 毫米。棉花种应进行适当的处理，如包衣。

此铺膜播种机作业性能符合 JB/T7732—2006《铺膜播种机》的规定，用于其他作业均与铺膜播种机的预期用途相违背。

铺膜播种机只能用于可以自由排水的土壤。如果需要，铺膜播种前使用其他农具处理不适合铺膜播种机直接作业的土壤。使土壤条件适合铺膜播种机作业是十分重要的。播种前，也许需要先把一遍地并清理地里未腐烂的根茎、废膜等影响铺膜播种机作业的杂物。

图 5-10 所示为 2BYQFH-4 气力式穴播机，该机在对玉米进行免耕播种同时进行施肥，两者同时进行。表 5-9 为其配套动力参数。

表 5-9　2BYQFH-4 穴播机主要参数和技术规格表

配套动力（千瓦）	40～60
外形尺寸（长×宽×高）（毫米）	1 300×2 200×1 000
挂接形式	三点悬挂
机具重量（千克）	380
工作效率（亩/小时）	7～9
播种行数（行）	4
播种距（毫米）	550～610
单粒率	＞92%
空穴率	＜3%
播种深度（毫米）	30～50
亩播肥量（千克）	0～70

5.4　精密播种作业技术规程与作业标准

5.4.1　实现机械精密播种的必要条件

1. 种子条件　在选择种子上，要求种子的纯度、净度在

95％以上，发芽率在 85％以上；在种子处理上，要求播种前要清选，剔除大粒、小粒、破损粒，并进行包衣处理，以防虫害、病害、鼠咬。

2. 整地条件　基本要求是地面平整，表土细碎，无残茬杂物。针对新疆绿洲春旱、风大、水分散失快的气候特点，提倡秋整地并施入底肥，整地后实施重镇压，春季播种前不动土，以最大限度地保持土壤中的水分。

3. 机具条件　选用的机具，必须满足机械精密播种的基本要求，还要适应当地的农艺要求：

（1）播种的参数：每穴一粒，空穴率＜3％，双粒率＜10％，机械破损率＜1％。

（2）带仿形机构，使播深一致。

（3）带深施肥装置，施肥深度能达到 8～10 厘米，且种肥分离，每公顷施肥量能达到 500～750 千克。

（4）能够实现窄开沟，复土及时，复土厚度在 3～5 厘米。

（5）能够满足株距调整范围要求。

5.4.2　适用的精密播种机

现有精密播种机按排种器工作原理可分为气式、机械式两类。气力式排种器播种机的整机性能优于机械式，但气力式播种机购机成本高，结构复杂，使用技术要求高；机械式排种器的播种机，结构简单，使用容易，购机成本低，较适应目前农村的需求。主要几种精密播种机的机械式排种器是：

1. 型孔轮式排种器，靠清种辊、刮种舌或清种刷清种，结构简单，排种可靠，造价低，但精播指标好控制。

2. 内充垂直圆盘式排种器，充种性能好，可以高速作业，易发生破碎种子现象。

3. 勺轮式排种器，综合播种性能好，可在高速下作业，而且不伤种，单粒率好，是主推机型之一。

5.4.3 机械精密播种技术的技术要求

1. 由发芽率决定播种方法。以玉米为例，种发芽率在 98％ 以上的，可采用全株距精播，即下种数和保苗数相等。玉米种子发芽率在 80％～97％ 的，采用半株距精播，即下种粒数是保苗数的二倍，两中间加一穴，这种播法使储备苗增加一倍。

2. 播种大豆时，可根据公顷保苗株数采用双拐子苗，也可以单行苗。我们建议一般在公顷株数万株以下的，可进行单行点播。

3. 化肥要深施，要达到种侧 3 厘米，种下 3～5 厘米量要准确，保证不烧种。

4. 播种前，要做好试播。播种后，必须及时镇压可根据土壤墒情决定镇压强度和时间。

5. 地表特殊杂草多的地块，要进行清理。

6. 适时播种，在保证墒情的情况下要适时晚播。

7. 包衣的种子要进行充分的晾晒。

图 5 - 11 所示为 2BMJ - 8(A) 气吸式精量铺膜播种机，表 5 - 10 为其主要参数和技术规格。

图 5 - 11　2BMJ - 8(A) 精量播种机

表 5-10　2BMJ-8(A) 气吸式精量铺膜播种机主要参数和技术规格表

配套动力（千瓦）	≥55
外形尺寸（毫米）	2 708×4 320×2 667
结构质量（千克）	1 250
行距（毫米）	40～60
种子破损率（%）	≤0.5
播种均匀性变异系数（%）	≤45
各行排种量一致性变异系数（%）	≤13.0
种子复土深度合格率（%）	≥85

5.5　育苗移栽作业技术规程与作业标准

5.5.1　温室育苗技术

1. 穴盘消毒　将穴盘放入 1% 高锰酸钾溶液中泡 10～15 分钟进行杀菌消毒处理，捞出后晾干备用。

2. 设备准备　准备软管及小型水泵 1 个，在每个育苗棚内挖 1 个可盛 2 米³ 水的储水池，铺上防渗膜，存放井水，便于配肥和浇灌。

3. 穴盘选择　选用长 54 厘米、宽 28 厘米、高 5 厘米、每盘 128 穴的穴盘做育苗钵盘。

4. 温室消毒　扣棚后，大棚内地温升至 12 ℃时，在育苗前 5 天进行棚室消毒。用 90% 晶体敌百虫 1 000 倍液喷洒地面和墙壁；每亩用 40%～50% 百菌清烟雾剂 250 克封闭一夜，次日清晨放风。

5. 种子选用　育苗品种可选用立原 8 号、新番 4 号、立源 11 号。要求种子纯度≥90%，净度≥98%，发芽率≥90%，机械损伤率≤2%，无病虫害。

6. 种子处理　先用清水浸泡种子，漂去瘪籽，沥干后将种子放在 50～52 ℃温水中浸泡 15 分钟，再放入 1∶500 倍高锰酸钾溶液中浸泡 1 小时，或用 10％磷酸三钠水溶液浸种 20 分钟，捞出种子用清水冲洗干净，于屋内阴干播种。一般随用随处理。

7. 种子催芽　种子用湿纱布包好，放在 28～30 ℃条件下 2～3 天，待大部分种子破嘴露白，即可播种。

8. 播前准备　基质和蛭石按体积比 3∶1 比例混合，再按 1 米³混合料加粉碎三料磷肥 3 千克比例充分拌匀，现用现拌，均匀装盘，用平滑板刮平、打孔，摆盘高度为 80 厘米左右，将比盘大的平板放在盘上面，下压板，穴深 1.0～1.5 厘米，要求穴深一致。

9. 播期确定　大田加工番茄移栽定植时间一般在 4 月 15—25 日，根据育苗苗龄 45～50 天移栽，推算出育苗最佳播期在 3 月初。

10. 移栽苗标准　苗色浓绿，叶片肥厚，茎秆粗壮，节间短有韧性，株高 12～15 厘米，茎粗 4～6 厘米，有 5～6 片真叶，根系发达且紧包基质，叶片完整，无病虫害。

11. 播种方式　3 月 9—11 日播种，每穴点种 1～2 粒，种子点在种穴中央。用营养基质覆盖种穴，厚度 1.0～1.5 厘米，用平板抹平，把种盘边缘抹干净。

12. 浇水、摆盘、控温　播后穴盘摆在平整干燥地面上，每隔 3～4 米留 20～30 厘米走道，便于苗期管理。用洒壶浇淋水，将种穴盘基质浇淋透，用地膜覆盖严实。种子发芽适宜温度 28～30 ℃，最低温度为 12 ℃，播种结束当晚点炉升温，白天温度保持在 28～30 ℃，夜晚最低温度不低于 18 ℃，经 3～5 天，若发现幼芽顶土，及时将地膜揭开，降低温度。出土 6 天后进行控、变温管理，白天 25～30 ℃，夜间 16～20 ℃，增强光照有利于幼苗根系生长，防止徒长。经 6～8 天，1 片真叶展开后，白天 28～30 ℃，夜间 15～18 ℃。若夜间长时间保持 5 ℃以下低温，易引起低温危害，使幼苗生长缓慢或形成僵苗。此期控、变温管理要根据气温变化进行。即白天棚温达 30 ℃时，及时用上风口通风，避免冷风直吹幼苗，若棚温接近35℃，上下通风换气。当棚内温度低于28℃，不再升温时，关闭通风口，使棚内长时间达到28～30℃的适温，夜间温度保持在10～15℃。夜温过高，幼苗易发生徒长，形成弱苗。棚内各部位温度有所差别，应不断挪盘，把长势弱的苗盘往温度高的地方挪，使棚内番茄苗长势均匀。当穴盘苗补齐生根后，长到2叶1心时，及时挪动穴盘，防止穴盘苗根系通过穴盘底孔扎到大棚土壤中，造成穴盘苗徒长，苗子盘根不牢，不便带土移栽，每4～5天挪动1次。移栽前7～10天，白天夜间逐渐加大通风，敞棚进行炼苗以适应大田环境。

13. 定苗管理　在番茄秧苗子叶展平后，可将苗盘的双株取单株补到空穴内，补栽后浇水。同时进行定苗工作，每穴留单种，此项工作在幼苗2叶1心期进行。齐苗后，以喷水为主，视墒情浇水，一般不干不湿，以宁干勿湿为原则，棚内湿度控制在60%～70%，苗盘基质以不干不湿为准（湿度控制在40%～60%），苗期管理时观察苗盘水分情况，当发现部分幼苗在晴天中午出现萎蔫时，说明缺水，应在早上或下午降温时喷透水。苗期追肥以叶面肥为主。幼苗2片真叶时喷肥2～3次，尿素0.05%、二铵0.05%、磷酸二氢钾0.05%，补肥在下午6：00时以后。浓度把握宁低勿高原则，以免出现烧苗现象，每次补肥后，可用适量清水对苗喷雾，将放风口打开，使氨气尽快扩散，以免秧苗发生氨气中毒。

14. 病虫害防治　在第1片真叶刚露出时，用72.2%普力克水剂喷洒1遍，能有效预防立枯病。

5.5.2　移栽及栽后管理

1. 移栽前准备　精细整地，做到"齐、平、松、碎、墒、净"6字标准。整沟铺膜，使沟达到细碎、干净、整齐，铺膜要求采光面大，膜面平展。

2. 移栽标准　沟心距1.6米，株距35厘米，行距110＋40

厘米，宽窄行配置，垄背行距 40 厘米，每亩栽植 2 400 株左右。移栽前 3~4 天大田灌水，以增加田间墒度，选择阴天或晴天下午移栽，打穴放苗覆土。在垄侧距沟沿 5~7 厘米处栽植，定植深度在基质顶部埋入土下 2~3 厘米，定植株距 35 厘米，边灌边栽，以减少缓苗时间。

　　图 5 - 12、图 5 - 13、图 5 - 14 是目前使用的几种移栽机，表 5 - 11、表 5 - 12 为对应的主要参数和技术规格。

图 5 - 12　玉米育苗移栽机

图 5 - 13　2ZT - 2 甜菜移栽机

表 5－11 2ZT－2 甜菜移栽机主要参数和技术规格表

配套动力	20～30 马力拖拉机
挂接形式	液压三点悬挂
移栽行数（行）	2
移栽株距（厘米）	26～33 可调
移栽行距（厘米）	45～60 可调
漏苗率	≤3%
生产率（亩/小时）	1.4～3.5
作业速度（公里/小时）	1～2
外形尺寸（长×宽×高）（毫米）	1 720×1 800×1 280
整机重量（千克）	270

图 5-14 2ZB-2 半自动移栽机

表 5－12 2ZB-2 半自动移栽机主要参数和技术规格表

配套动力（千瓦）	26～48
外形尺寸（毫米）	2 100×2 500×2 400
整机重量（千克）	600
行距（毫米）	300～600

（续）

栽植合格率（％）	≥90
株距（毫米）	250～400
栽植深度（毫米）	60～100
传动形式	链条
连接方式	三点悬挂

中耕作业技术规程与作业标准

6.1 一般中耕作业技术规程与作业标准

6.1.1 技术要求

1. 行间中耕作业农业技术要求

（1）根据地面杂草及土壤墒度适时中耕，第一次中耕一般在作物显行后进行，地膜覆盖作物也可在播种后不显行时开始中耕。

（2）中耕深度一般为 10～18 厘米，各地可根据农艺要求逐次加深，或采用深—浅—深等不同方法，前期为 8～12 厘米，后期为 13～18 厘米。

（3）耕后地表土壤应松碎平整，不允许有拖堆、拉沟现象。

（4）要求除尽行间耕幅内的杂草。在机具性能和人员技术有保证的前提下尽可能压缩护苗带宽度，一般护苗带宽度前期为 8～12 厘米，后期为 13～16 厘米。

（5）直行行间不允许埋苗、压苗、铲苗，不损伤作物根系和茎秆，地头转向时转向区域内总伤苗率不超过 18%。

（6）中耕作业不允许错行、漏耕，应起落一致，地头地边耕到。

2. 行间追肥作业农业技术要求

（1）追肥均匀，下肥量符合农艺要求，单位面积下肥量与规定下肥量误差不超过 15%；同一幅宽内每行的下肥量与规定下肥量误差不超过 25%。

（2）追肥深度一般为 8～15 厘米，前期较浅，后期较深，实际追肥深度不小于规定深度 1 厘米。

（3）一般肥行距离苗行 10～15 厘米，前期较近，后期较远。

（4）棉田后期花铃肥应施于苗行中心，偏差不超过 ±3 厘米。

（5）追肥作业中肥料不得漏洒在地表或作物上。

3. 行间开沟作业农业技术要求

（1）必须在作物灌水前五天内完成开沟作业。

（2）灌水沟应开在开沟行的中心线上，偏差不大于 ±2 厘米。

（3）一般开沟深度为 15 厘米，实际开沟深度不得小于规定深度 1 厘米。

（4）不同作物有不同开沟宽度，一般开沟宽度为 30～40 厘米；实际开沟宽度不得小于规定宽度 2 厘米。

（5）沟深一致，沟壁整齐，沟内畅通。

6.1.2　作业前的田间准备

1. 按作物生长情况制定作业进度计划，实行分区管理，减少机组空行。

2. 检查机组进地所通行的道路、桥梁是否畅通，并填平沟渠等。

3. 排除田间障碍，填平临时毛渠、沟坑，清除堆放在田间的作物残株、废膜等，对不能排除的障碍应作出标记。

4. 按确定的作业顺序划分作业小区，每一作业小区必须标出机组的进地标志。同时在每一作业小区两端地头线上，在机组每一行程中心线上作出明显标记，以免错行。

5. 灌溉后作业，土壤湿度应适宜。

6. 追肥作业前应除尽田间杂草，玉米要先完成打叉作业再追肥。

7. 进行追肥作业要根据肥料箱容积、单位面积追肥量和地块长度合理设置加肥点。加肥点一般设在靠近道路的一侧地头，当地块较长或追肥量较大时也可在两端地头设加肥点。

6.1.3　作业前机组准备

1. 机组人员配备　每工作班次大中型机组配驾驶员一人、农具员一人；小型悬挂机组可配备驾驶员一人。

2. 机具选型编组　根据作物行距与生长高度，选择能顺利通过作物行间的拖拉机；根据作业技术要求与拖拉机的功率确定农具型号，进行合理编组。对拖拉机与农具的轮距进行必要的调整，使之与作物行距相适应，使轮子走在苗行中央，并与苗行保持一定距离。机组幅宽应等于播种机组幅宽，或播种机组幅宽为中耕机组幅宽的整数倍。

3. 工作机构的技术检查与要求

（1）各工作部件安装正确，牢固可靠，仿形轮纵梁末端横向摆动量不大于 4 厘米。

（2）中耕锄铲、开沟器的刃口厚度不大于 0.5 毫米。

（3）各开沟器铲尖符合技术要求，固定螺钉不突出铲面，工作面不得生锈。

（4）排肥机构转动灵活，输肥管不变形。

（5）锄铲的配置。常用配置方法有如下八种。

① 双翼铲之间、双翼铲与单翼铲之间都必须有不小于 2 厘米的重叠宽度。

② 铲组两边与苗行距离前期为 8～12 厘米，后期为 13～16 厘米。

③ 松土铲的护苗带应比单翼铲宽 5～7 厘米；采用宽窄行配置时，可在窄行中配 1～2 个凿形松土铲。

④ 除了开沟同时追肥外，纵梁固结器（齿栓）固定在仿形轮纵梁的中间两孔，左右横梁固定在纵梁固定器后方约 100 毫

米处。

⑤ 苗期中耕时用纵梁固结器大孔固定双翼铲，用横梁固结器对称固定两单翼铲。

⑥ 后期中耕或全面中拼，用两个小双翼铲取代单翼铲。

⑦ 中耕追肥，用两个施肥开沟器取代单翼铲。

⑧ 开沟时，用开沟器取代单翼铲和双翼铲。

4. 中耕作业

（1）第一、二遍中耕作业应安装护苗器，在秸秆还田农区可采用球面圆盘护苗器。

（2）后期中耕和棉花追施花铃肥时的护苗措施。

① 机组行走轮、传动链轮、链条等必须配置分行器。

② 使肥料箱排肥口与施肥开沟器接肥口垂直，减少输肥管挂苗。

③ 接长行走轮支架使中耕机大梁提高 150～200 毫米。

④ 拖拉机油底壳、后桥壳和悬挂装置底部包上光滑铁皮或尼龙布。

⑤ 选择太阳光强烈、作物韧性好的时间进行作业。

5. 机组的调整

（1）机架要调整。机组停放于平台或平地上，调节悬挂装置的中央拉杆和左右吊臂，使中耕机主机架纵向和横向都达到水平状态，左右吊臂必须使用长孔，限位链松开以保证整机仿形。

（2）中耕深度的调整。

① 将挂结好的中耕机组停放在调整平台或平坦的地面，并将机架调成水平状态。

② 将厚度为中耕深度减去 2～2.5 厘米的木板垫在拖拉机轮子下面。

③ 提升中耕机，将厚度为中耕深度减去 2～2.5 厘米的木板垫在中耕机行走轮下面。

④ 将厚度为中耕深度减去 1～2 厘米的木板垫在中耕机各仿

形轮下面。

⑤ 降下中耕机，使各行走轮、仿形轮落在各自的木板上。

⑥ 用改变平行四连杆机构上拉杆长度和工作部件的高低位置，使各组工作部件刃口与支持面接触。当刃口不能全部与支持面接触时，允许锄铲末端和支持面之间有不大于5毫米的垂直间隙，不允许铲尖上翘。

⑦ 调整仿形四连杆机构弹簧压力，使工作部件在达到工作深度时，有一定的压力。

（3）追肥量的调整。

① 把输肥管从施肥开沟器中取出，在每个输肥管下放置接肥器。

② 把下肥量控制机构放在一定刻度上。

③ 规定行走轮转数下单个输肥管的理论下肥量用下式计算：

$$g=\frac{q \cdot a \cdot \pi \cdot D \cdot N}{10\,000} \qquad 式（6-1）$$

式中：g——在规定行走轮转数下单个输肥管下肥量，千克；

q——公顷追肥量，千克/公顷；

D——行走轮直径，米；

a——行距，米；

N——行走轮转动圈数。

④ 按正常工作速度转动中耕追肥机行走轮50～100圈，每个输肥管的实际排肥量与理论排肥量相比，过多过少时应进行排肥量调整。

⑤ 调整后再重复以上步骤，直至各输肥管的实际排肥量与理论排肥量一致时为止。

6. 其他物资准备

（1）每台机组应准备一副锄铲、锄凿、固定螺栓、扒草钩备用。

（2）各种肥料应有良好的流动性、清洁无杂质，油渣和结块的化肥应破碎、过筛后方可使用。肥料应按其特性混合使用，按规定比例混匀。

（3）各加肥点应备有水桶、铁锨、筛子、大帆布、口袋等常用工具。

7. 机组田间运送要求

（1）短距离田间运送时用液压机构将中耕机升至最高位置（分配器手柄自动返回中立位长距离田间运送要求）。

（2）长距离田间运送要求。

① 用液压机构将中耕机升至最高位置，并用定位阀封闭油缸下腔油路，同时调紧限位链。

② 机组转移应起步平稳，缓慢转向，行驶速度不得过高。

③ 当转移到新地块后应放松限位链，并稍许提升液压机构重新进入工作状态。

6.1.4 作业方法与程序

1. 作业方法与行走路线

（1）单区双向套耕中耕法，适用于梭形播种的大块地。

（2）单区单向套拼法，适用于梭形播种的大地块，便于操作，行程效率较高。

（3）不分区单向套种法，适用于梭形播种的地块，该方法除开始作业的前三个行程特殊外，均按同一规律运行，便于运行，便于操作。

2. 正常作业程序

（1）作业前技术人员必须熟悉作业路线，按照指示标志进入作业地块和第一行程位置，作业中要根据播种行距的变化及时调整，避免错行、伤苗、铲苗和倒车。

（2）作业时悬挂机组的悬挂机构左右吊杆应在浮动位置，液压操纵手柄放在浮动位置。

（3）机组作业速度一般每小时不超过 6 千米，幼苗期，草多或土壤板结的地，每小时不超过 4～5 千米，沙土地以不埋苗为限度。

（4）作业中应保证根深一致，遇机车超负荷时，应及时换挡减速，不能用减小根深的方法作业。

（5）作业每一行程结束时，待机组后排工作部件到达地头时方可升起中耕机，缓慢转弯，并在地头横向苗行间行驶。

（6）各次作业都应行走在第一次作业行走的印痕内。

6.1.5　作业中的检查与注意事项

1. 作业中的检查

（1）作业的第一行程走过 20～30 米后，应停车检验各梁及各仿形轮纵梁是否水平，检查根深，护苗带宽度，发现问题及时排除。

（2）机组作业中每 2～3 小时应停车检查各部螺栓紧固情况，检查工作部件位移和变形情况，必要时加以校正，检查护苗带宽度，发现问题及时排除。

（3）追肥作业开始后应检查施肥开沟器离苗行的距离，不合要求应及时调整。

（4）行间追肥应随时检查施肥开沟器、输肥管、排肥机构是否工作正常，发现问题及时排除。

2. 作业中注意事项

（1）追肥开始应验证通过规定距离时机组的实际下肥量，如与理论下肥量不符时应进行调整。验证前肥箱应加滴，验证后肥箱应有不少于小半箱肥料，然后重新将肥箱加满，重新加入的肥料数量即为实际下肥量。而通过规定距离机组的理论下肥量等于：

$$Q = \frac{q \cdot b \cdot L}{1\,000} \qquad 式（6-2）$$

式中：Q——通过规定距离机组的理论下肥量，千克；

L——规定距离，米；

q——公顷施肥量，千克/公顷；

b——机组幅宽，米。

（2）正常追肥作业中，还应核对每班次作业面积的实际总施肥量，发现不符时应及时进行调整。

（3）行间开沟作业中，应注意开沟器的行距、开沟深度与宽度，使其满足农业技术要求。调整开沟宽度时应按规定保留必要的护苗带。

（4）在草多的地块作业时，要随时清除缠在工作部件上的杂草。

（5）要经常保持锄铲（齿）的锋利，必要时进行更换。

（6）施肥作业告一段落后，要对追肥机的施肥机构和工作部件进行彻底清洗并涂油，以防腐蚀。

6.1.6　作业质量的检查与验收

1. 地头转向伤苗率检查。作业后在地头转向处，分别数出五次转向面积内的作物总株数和转向伤苗株数，计算出转向伤苗率。计算公式为：

$$\varepsilon = \frac{N_s}{N_z} \times 100\% \qquad 式（6-3）$$

式中：ε——转向伤苗率；

N_s——转向伤苗株数；

N_z——转向面积内的作物总株数。

2. 漏耕情况检查。作业结束后沿地块对角线检查有无漏耕，发现有漏耕处应作出标记。小面积漏耕用人工补耕，大面积漏耕仍须用机力补耕。

3. 除草净度检查。每班作业中至少检查三次，每次沿地块对角线取三个点，检查铲组通过宽度内的杂草是否除净。

4. 护苗带宽度检查。在机组工作幅宽的苗行上测量五处，护苗带宽度前期为 8～12 厘米，后期为 13～16 厘米。

5. 作业深度检查。在工作幅宽内每行选五个点，扒开松土层，用直尺量出作业前的地表至沟底的深度，取平均值。其实际耕深应符合 6.1.1 中对耕深的规定。

6. 肥料与苗行距离的检查。在作业地段长度内任选五点，扒出肥行，检查肥行与苗行的距离，应符合 6.1.1 中行间施肥作业农业技术要求的规定。

7. 开沟宽度检查。在工作幅宽内每行选五个点测量开沟宽度，应符合 6.1.1 中行间开沟作业农业技术要求的规定。

8. 开沟位置检查。在工作幅宽内每行选五个点测量开沟位置，应符合规定的位置。

9. 综合质量的验收。作业结束后，由农户与机组人员共同进行。沿地块对角线取地势平坦有代表性的 3～5 个点作质量验收检查，并由双方签署验收单。

6.1.7 作业安全技术要求

1. 驾驶员必须持有有效驾驶证件和中耕作业操作许可证，机组人员必须熟悉机具的性能、构造、调整、保养知识方许进行作业。

2. 拖拉机挂接农具时应低速挡小油门，严密注视后方，防止碰伤人员。

3. 机组起步前必须由指定人员发出信号，驾驶员鸣号并确认安全后方可缓慢起步。

4. 严禁在行进中用手清除工作部件上的杂草残株，也不准用手在肥料箱内搅拌肥料。

5. 悬挂机具在作业和运行中均不准站人，作业人员作业时不准在机具上跳上跳下。

6. 作业中严禁工作部件入土后倒退或急转弯。作业到地头时，只有当工作部件升起后方可转弯或倒退。

7. 作业时应在机组行进中起落农具。牵引机组起落工作部件时，升降把手要抓紧、慢放、卡到齿板缺口内再松手。

8. 机具的调整、保养、清理和加肥等项工作，必须在停车后进行。

9. 机组在更换锄铲、开沟器等工作部件时，拖拉机必须熄火或机车与农具脱开，并将中耕机支垫妥当后进行。

10. 机组人员在作业时应穿紧身工作装，妇女应包好发辫。严禁在田间休息或睡觉。

11. 当进行液氨施肥时，机组人员应熟知液氨的理化特性和操作规程，并配备必要的安全防护用品．特别在排除输氨系统的故障时应先关闭罐体出口阀，消除系统中余压后方可进行。要防止管路泄漏以确保机组人员的人身安全。

12. 防火安全技术要求：拖拉机不漏油、不漏电、不用明火照明、添加油料时禁止明火。

图 6-1 所示为 3ZF-6 中耕追肥机，表 6-1 为 3ZF-6 中耕追肥机主要参数和技术规格。

图 6-1　3ZF-6 中耕追肥机

表 6-1 3ZF-6 中耕追肥机主要参数和技术规格表

配套动力（千瓦）	≥88
外形尺寸（毫米）	1 500×6 000×1 500
机具重量（千克）	1 500
作业速度（千米/小时）	4～7
各行耕深一致性变异系数（%）	≤18.5
碎土率（%）	≥85.0
耕深稳定性变异系数（%）	≤15.0

6.2 中耕开沟施肥作业技术规程与作业标准

6.2.1 农业技术要求

作物的行间追肥，主要是追施化学肥料和化肥与厩肥混合施用，中耕作物一般在生长期追肥 2～4 次。其农业技术要求如下：

1. 根据作物生长发育的需要，适时地分期追肥，使肥效充分发挥作用。

2. 追肥数量应合乎要求，下肥要均匀。

3. 追肥深度一般是 8～10 厘米，以便于作物吸收养分，又不损伤根系为原则，一般追肥距苗行 10～15 厘米，前期近，后期稍远。

4. 追肥时，肥料不得漏洒在地面或作物上。

6.2.2 作业前的准备工作

1. 追肥前，地里应除尽杂草，玉米要作完打杈工作。

2. 肥料要在作业前运到各加肥点。加肥点的位置，应根据追肥量、追肥机肥料箱容积，以及地块长度和宽度来确定。原则是机车空运行要尽量减少，不能因追肥箱内无肥料在地中间停车。所以，较长的地块，除两头设点外，还可在地中间设加肥点。

3.各种化学肥料如有结块必须捣碎，厩肥和腐殖酸铵等肥料，也要捣碎并过筛。

4.肥料混合使用时，要根据各种肥料的特性，混合使用的比例，随用随掺或事先掺和好，运到加肥点，混合必须均匀。

5.一般加肥点，要配备2名加肥人员，如果要掺和肥料，应配备3~4人。同时还必须备足加肥工具，如桶、铁锹、大帆布、麻袋等。加肥人员的职责是：按规定比例把肥料掺和均匀，迅速向追肥箱加足肥料，尽量缩短加肥时间，加肥中不可把肥料加在箱外，造成浪费。机组每班次配备2~3人。机车驾驶员要负责本班次的机车状况和工作联系，操作中要保证不错行、不压苗。农具手要保证农具的技术状态良好，在工作中升降一致，不漏追肥料。

6.2.3 作业机组的准备

1.确定追肥行距 追肥时，首先要确定追肥的行数。追肥机每趟追肥的行数，应与播种相适应，要求每行作物能均匀的得到肥料。

2.追肥机构 常用中耕追肥机主要由主梁、地轮、四连杆机构、工作部件等组成。它的排肥机构采用水平螺旋式。由肥箱、左右搅龙，左右调节肥量控制板等组成。当排肥搅龙由地轮传动时，肥料由搅龙推后两侧的排搅器，经排肥轮拨动经输肥管进到输肥开沟器施入地中，排肥量大小可由肥量控制板控制，这种机构排肥量大，不易堵塞。排肥箱3个，排肥量10~100千克/亩。

例如2BZ-6播种中耕机采用的是开式单振动排肥器，肥箱由支座支撑，后箱壁为振动板，肥箱两侧有排肥口。通过振动滚轮产生振动，使肥料排出。

振动板每振动一次，下肥一次。经测定，当作业速度 5～7 千米/小时时，传动轴每分钟 41～50 转，相应的振动频率为 205～250 次/分。这时，施碳氨的亩施量为 26.8～55.5 千克，施尿素时，调节板可使最小排肥量为 0.9 千克/亩，最大排肥量为 15 千克/亩。

3. 作业部件的检查调整 排肥机构传动可靠，链条松紧合适在同一平面上，排肥管不堵不漏。施肥开沟器入土深度和离苗距离合乎农业要求。

4. 调整下肥量

（1）把输肥管从追肥开沟器中拔出，在每个管下摊上麻袋。

（2）根据各种类型追肥机，把排肥量控制在一定数量，然后转动支持轮 10～15 圈，利用调整播种量的计算公式，算出每个排肥管排肥的重量。

（3）把输送管下的肥料过秤所得值与上述计算公式所得值相比较，如果肥料多了（或少了）应进行调整。调整后再用上述方法重做一遍，一直到输肥管实际下的肥料重量与计算数值相合为准。悬挂追肥机有刻度，可以根据要求调整。

6.2.4 机组的作业

1. 在追肥作业中，为了减少加肥时间，加肥人员应将肥料装袋放在机车转弯地头处（如在地中间应先放在机车通过地段），配合机组人员及时加肥。

2. 追肥中要随时检查开沟器是否堵塞，输肥管是否漏肥和堵塞，排肥机构是否下肥或流畅，如果有问题应及时排除。作业开始时，应检查下肥深度和开沟器离植株距离，不合要求的及时调整。

3. 作业开始时，要对事先调整好下肥量的追肥机再进行实地调整。调整方法如下：称好一定重量的肥料，计算好排完的路程，不符时进行调整。具体计算公式如下：

$$肥料箱装肥量 = \frac{下肥量（千克/亩）\times 路程（米）\times 幅宽（米）量（千克）}{666.7}$$

式（6-4）

4. 作业结束要对追肥机进行彻底清洗，特别是施肥机构清洗后要用机油润滑，以防腐蚀。

6.3 行间开沟作业技术规程与标准

6.3.1 农业技术要求

一般开沟深度为 18～22 厘米，沟宽 30～40 厘米，沟内要畅通，沟壁要整齐，沟深要一致，培土良好，不理苗，不伤植株根系。

6.3.2 开沟器要求

开沟器由铲尖、铲胸、开沟器壁及调节臂、铲柄组成，根据开沟垄形大小来调整调节臂，其范围在 253～430 毫米。

开沟追肥作业时，开沟器应安装在纵梁后端两孔中，施肥开沟器则应尽量前移到离纵梁固结器 100 毫米处。

安装好后，在第一趟作业中调整。

6.3.3 行间开沟作业

1. 行间开沟是中耕作物生长期进行灌溉所必需的作业，一般是浇水前把沟开好。

2. 行间开沟要用牵引式或悬挂式中耕机装上开沟器进行。开沟器铲尖要符合技术要求，固定螺丝不能突出铲面，开沟器工作面没有生锈现象。

3. 作业时，要调整开沟器行距和开沟深度。调整开沟宽度时，主要调整开沟器两侧翼板的开度，但不能损伤植株。

4. 开沟要直，地头起落整齐。

6.3.4　作业的质量检查验收

1. 作业深度检查　在工作幅内，每行测 5 个点，用板尺或深度尺测量，每班检查 2～3 次，平均深度与规定深度相差不超过 1 厘米。

2. 护苗带宽度检查　在机组工作幅宽的苗行上，测量 5 处，检查护苗带的宽度，发现伤苗情况，必须调整锄铲。

3. 平整性检查　在工作幅宽内，每行扒开 1～2 点，检查沟底不平度，不得超过 2 厘米。在同一幅宽内，找三小段地，检查地表平整性，一般地面耕后相差不应超过 3～4 厘米。

4. 除草净度检查　每班作业最少检查 3 次，每次沿锄过草的地块对角线取 3 个点，检查是否被除净。

5. 肥料与苗行距离检查　扒出土壤中的肥料，检查肥料的分布情况与苗行的距离，在作业地段长度上测 5 个点，要求肥料均匀分布，距苗行不超过规定 2 厘米。

6. 伤苗、压苗、埋苗情况检查　工作中随时检查，如发现有伤苗、压苗、埋苗现象，应立即查明原因，予以排除。

7. 漏锄情况检查　中耕完毕后，沿田地的对角线仔细观察有无漏锄现象，如有漏锄的地方，要做好标记，用人工迅速补锄（面积大的用机力补锄）。

8. 质量验收检查　整块条田作业结束后，机车组长、生产、机务领导，条田管理负责人一起，对条田进行质量验收检查，一般在对角线取 3～5 个点（取点时要选择地面平坦，并有代表性的地区），检查质量，交换意见。

6.3.5　作业安全要求

1. 机车起步，必须先由农具手发出信号，等拖拉机手回答后再起步。

2. 中耕机升降弹簧要调整适当，升降把手要抓紧、慢放，要卡到扇形齿板缺口里再松手。

3. 机具工作时，农具手不能用手和脚去清除杂草；追肥作业时，不许用手到肥料箱内扒动和搅拌肥料。

4. 田间作业时，尽量在机车行进中起落农具，以免堵塞和损伤工作部件。作业到地头时，只有等工作部件确实出土后，方可转弯或倒退，严禁工作部件入土后倒退或转急弯。

5. 悬挂中耕机在转弯和运行时，机上不准站人，牵引式中耕机在运输中，机架上禁止放重的物品。

6. 作业时，农具手和非工作人员，不得在机具上跳下或跳上。

7. 机具的调整、保养和排除故障，要在拖拉机停车后进行；更换锄齿，必须在拖拉机灭火后才能动手。

第七章

病虫害防治与化除化控等植保作业

7.1 喷洒除草剂作业技术规程与作业标准

7.1.1 农业技术要求

机械防治病虫害，主要是利用喷药机械将农药喷洒在作物上，以消灭危害作物的害虫和病菌。其主要农业技术要求如下：

1. 按照规定的药品、比例和使用量，同一种作物一般要求3～5天内喷完一遍。

2. 喷药要均匀，在作物的茎秆和叶子的正面、背面均应喷到。

3. 在刮风、露水很大或中午烈日下，禁止喷雾作业。

7.1.2 作业前的准备

1. 在机车行进的路线插上标记，并平整好毛渠。

2. 喷雾的地，要准备充足的水，若可利用地头渠水时，要配备一定数量的水桶，当渠水混浊或直吸水不方便时，应先将渠水盛入桶中沉淀备用。

3. 准备好所需农药和药液。如果机具的药箱容积不够一个往返行程时，则应在地的两头准备好农药和药液。

7.1.3 作业的机具准备

植物保护机械，按照药剂的施洒方法，可分为喷雾机、喷粉机、弥雾机及超低的喷雾机等。根据动力分为人力和机动两类。

国营农场大面积作业中，多数以机动为主，大力发展现有拖拉机配套的牵引式和悬挂式大型、高生产率的植保机械，并逐步推广农业航空植保技术，对于点片防治多采用小型人力手动或机动喷雾机。

喷雾机械用于防治病虫、化学除草剂、脱叶剂、生长激素以及根外施肥等。

对喷雾机的要求：

1. 雾滴大小合适。要牢固黏附于茎叶而不滴落，符合作物不同生长期的要求。

2. 射程足够。能适应各种作物需要。

3. 分布均匀。作物需要喷雾的各部分都要覆盖到。

4. 浓度一致。防止药液局部过浓产生药害。

5. 数量适当。符合农业要求。

6. 在作物行间有较好的通过性。机器对药液有较好的耐蚀性。

7.1.4 化学除草剂的喷洒

用喷洒除草剂代替机械或人畜力除草，已成为现代农业的一项有效措施，它可以掌握农时，减少伤苗，避免草荒。

化学除草方法有全田喷药，苗带喷药和混土施药等。苗带喷药防除苗眼草，一般杀草率在 90％以上，用药量为全田喷药量的 50％～63％。混土施药法，是农作物播种前或播种后出苗前将除草剂均匀喷于土表，然后及时耙土混土，使杂草在萌芽时就被杀死。喷氟乐灵等怕光药物应在晚间喷施，防止光解失效。施药后的耙地车速以 6～10 千米/小时为宜，混土深度 4～7 厘米，混土后及时镇压，以利于保墒和提高杀草效率。

化学除草剂混合搭配使用，可以扩大杀草谱，减少使用量，降低成本，减少药害。

药械使用化学除草剂后，需用清水彻底清洗，以防喷农药时，造成对作物的药害。

7.1.5　作业中的注意事项

1. 在喷药的第一个行程中校正药量，按亩用量算出一个行程的喷药量，在药箱上划上刻度，喷完一个行程后，核对实际的喷药量，必要时进行调整。

2. 喷粉机组一般采用梭行法，喷雾用套行法。

3. 地头转弯要减慢并切离动力传动。工作速度以每小时 6千米为宜，采用大油门工作，以保证风扇或压力泵最大风量和最大泵压。

4. 机组作业时，要保持直线行驶，行走轮不能压苗；在作物生长后期，要在行走轮前加分行器。

在工作中，驾驶员要经常注意喷头有无堵塞、漏洒或不均匀的现象，如有要及时排除。

5. 向药箱内加药，要做到药内清洁无杂质，药物不能加在药箱外或洒在植株上，药液最好是密封加药。

7.1.6　作业质量的检查验收

1. 喷药质量的检查验收　作业开始后，随即检查喷药的质量，看病虫聚处是否喷到药物，必要时应进行调整。

作业完成后，在整个条田上采用沿对角线取点的方法，进行质量检查验收。每个点的宽度，相当于机组的工作幅宽，长度为1米。点的多少，根据作物情况及条田大小确定。

2. 药物的效果检查　在喷药前，要查清作物受害情况，在喷药后经过一定天数，检查单位面积内的虫害死亡情况和作物生长的恢复情况，并进行前后对比。

7.1.7　作业的安全技术要求

1. 对喷药人员的要求和防护　参加病虫害防治作业的人员，

应了解农药的毒性，配备中毒解救的药物。凡身体衰弱、有病、皮肤有创伤的人，以及怀孕、经期或哺乳期的妇女，均不能参加作业。喷药人员应戴口罩、手套、风镜，穿好衣服鞋袜，不得赤臂露脚，配药时戴好橡皮手套。接触药液的手必须用肥皂洗净。

2. 农药的配制和保管 农药的配制由植保人员负责。农药和药械由植保人员保管。药品要有显著标志并注明字祥。

3. 作业中应注意的事项

（1）喷药人员在作业时，绝对禁止吃东西、吸烟、喝水，要吃喝时必须先用肥皂洗净手脸。

（2）喷药机械的气压要定期校正，要检查药液有无漏洒现象，压力泵声响是否正常。如需要拆装调整或清理某部时，应停止转动，把管路中压力放掉，方可进行。在喷洒易燃物时，绝对禁止有明火接近。

（3）夜间作业严禁用明火照明，检查液箱时要用手电筒照明。

（4）作业结束后，药箱、管道、滤网等，要用清水洗净，安全阀要松开，所有器皿要清洗干净，妥善保管。同时要按规定对机器进行润滑，将污水倒在指定地点，以免影响人、畜安全。

7.2 病虫害防治喷雾作业技术规程与作业标准

7.2.1 全面喷雾作业应注意的事项

全面喷雾作业是全面封闭式喷洒药液，要求对整个作业面进行均匀覆盖，作业时应注意以下几点。

1. 喷头距工作面的高度应为 400 毫米，此时雾化及扇形状态均好。过低则雾化不良，过高则扇面变形。

2. 喷头间距应为 500 毫米，这样可确保喷射的扇形雾面一次重叠覆盖，从而获得理想均匀的雾量分布。

3. 所有的喷嘴缝隙应平行错开，与喷杆方向形成 5～10° 的夹角，以防止扇形雾面重叠时碰撞产生较大雾滴，从而避免药害，确保雾滴大小均匀。

7.2.2　苗带喷雾作业注意事项

苗带喷雾作业是针对作物的行垄进行苗带式药液喷洒，这样可节省药液，提高工效，减少药害和污染，作业时应注意以下几点：

1. 喷头距工作面的高度仍应为 400 毫米。

2. 所有喷嘴缝隙仍应平行错开，与喷杆方向夹角则需进行调整，以达到行垄上多喷，行垄间空障处不喷或少喷的目的。夹角可以进行计算，也可以用清水进行试喷来确定。

3. 喷头间距需调整到与作物行距相等，并使喷头在作业时对正作物行垄。

7.2.3　调整方法

1. 喷头高度调整

喷头高度应根据作物长势进行调整，以确保喷头距作业面 400 毫米距离，一般是通过调节喷架位置来实现喷头高度的调整。

2. 喷嘴缝隙与喷杆方向夹角的调整 松开喷头上喷嘴压帽，将喷嘴缝隙调转到合适的角度并固定着不动，再旋紧压帽即可。

3. 喷头间距的调整

实现喷头间距调整的方法，主要有以下 3 种。

（1）配备多套喷杆（耐腐金属管），每套喷杆各适用一种喷头间距，更换喷杆即可实现喷头间距变换。这种方法比较落后，成本高，且适应性差。

（2）用软耐腐管串接喷头，喷头固定在喷架上，但可挪动，喷头间距挪小时软管弯曲，挪大时拉直。由于软管弯曲时容易折瘪，使管路内局部卸压和增压，各喷头的喷量会产生较大差异，雾化均匀性也将受到较大影响，因此，这种方法虽可适用于窄喷幅的喷雾机，但仍需在作业中常注意软管是否出现折瘪现象。

（3）密封插接喷杆装置。用多根耐腐变径短管插接起来，每根短管上安装一个喷头，通过改变插接部分的重叠量来调整喷头的间距，插接用软管套卡箍密封。

7.2.4 搞好过滤

为了确保喷洒药剂的清洁度，防止喷嘴和路堵塞，在喷雾机上一般设 4 级过滤，第一级过网放在液箱加注口；第二级在液泵箱内吸管端；第三级在分配器内；第四级在喷嘴体内。过滤网有镀锌铁网和铜棒两种，一般选 60～80 孔/25.4 毫米网眼，使用要经常清理，防滤网堵塞。

7.2.5 喷雾方式选择

全面喷雾与苗带喷雾 2 种方式，在具体生中可根据实际情况灵活选用。

1. 全面喷雾 全面喷雾可用于小麦、谷子、高粱等行距小于 500 毫米的作物的苗前、苗后药液喷洒，或用于大豆、玉米、棉花等作物的行距大于 500 毫米的苗全面封闭式药液喷洒。

2. 苗带喷雾 苗带喷雾主要用于大豆、玉米、棉花等行距大于 500 毫米作物的苗后的行垄上苗式药液喷（行间杂草可于中耕时铲除）。运用好苗带喷雾节省药液，提高工效，减少药害和污染，带来较高的经济效益和社会效益。

7.2.6 喷量计算

配制药液计算喷量时，全面喷雾可按喷雾作业量计算，而苗带喷雾则应按实际喷洒覆盖来计算，否则容易出现多喷或少喷的弊端，造成良后果。

7.2.7 其他注意事项

1. 严格执行作业标准。做好地号的区别，使往复作业接合线严密，风大时停止作业，小风作时应充分考虑风速对喷雾偏移量的影响，避免重喷和漏喷。

2. 保持机械良好技术状态。各管路位置不要接错，接头处不得漏水、漏气，连接胶管不要拆死弯，以免影响压力和流量。

3. 喷嘴压力以 0.29～0.49 兆帕为宜，过高损坏胶管，引起渗漏，过低则不能保证喷雾质量。

7.2.8 作业质量的检查

1. 作业中注意复核每亩喷药液量是否符合要求，如有误差，要及时找出原因，并加以调整，达喷洒均匀，不漏喷、不重喷。

2. 喷雾机内各喷头单口流量一致，其误差应超过±5%。

3. 药箱口密封良好，作业中不得溢漏。

4. 喷药前后要做田间调查，并做记录，以便掌握灭虫效果。

5. 不损伤植株，不产生药害。

7.3 喷洒植物生长调节剂作业技术规程与作业标准

7.3.1 植物生长调节剂的主要种类

从植物生长发育的角度考虑，植物生长调节剂按其生理效应划分为以下几类。需要注意的是这些种类的生长调节剂在应用到具体作物上时，需要进行实验分析，根据作物的生长状况恰当地选用。

1. 生长素类 主要生理作用是促进细胞伸长，促进发根，延迟或抑制离层的形成，促进未受精子房膨胀，形成单性结实，促进形成愈伤组织等。生长素类调节剂包括天然的生长素和人工合成的具有生长素活性的化学物质。

2. 赤耳素类 可以打破植物体某些器官的休眠，促进长日照植物开花，促进茎叶伸长生长，改变某些植物雌雄花比率，诱导单性结实，提高植物体内酶的活性等。赤霉素普遍存在于植物界中，迄今已发现的赤霉素（GA）达70多种，按发现的先后次序分别命名为GAI、GAZ、GA3等。

3. 细胞分裂素 这类物质能促进细胞分裂，诱导离体组织芽的分化，抑制和延缓叶片组织衰老。目前，已发现十几种天然的细胞分裂素，广泛存在于高等植物中，包括玉米素、玉米素核苷等。人工合成的细胞分裂素有激动素、6-苄基腺嘌呤（6-BA）、四氢吡喃苄基腺嘌呤（PBA）等。

4. 乙烯类 乙烯在常温下是气体，作为生长调节剂用的是乙烯利，乙烯利在代谢过程中可释放出乙烯。高等植物的根、茎、叶、花、果实等在一定条件下都会产生乙烯，乙烯具有促进果实、叶片和植物尽快成熟、抑制细胞的伸长生长、促进叶、花、果实脱落、诱导花芽分化及促进发生不定根的作用。

5. 脱落酸类（ABA） 脱落酸（ABA）广泛存在于植物界中，也可人工合成，如矮壮素（CCC）、比久（B_9）、青鲜素（MH）、整形素等。它能促进休眠，抑制萌发，阻滞植物生长、促进器官衰老、脱落和气孔关闭，在干旱时有抑制蒸腾作用的效果等。这一类植物生长调节剂的作用特点是促进离层形成，导致器官脱落，增强植物抗逆性。

6. 芸薹素内酯类 芸薹素内酯为甾醇类植物激素。它在很低浓度下，能明显地增加植物的营养体生长和促进受精作用。天然芸薹素（NBR）是油菜素内酯类（BR）物质，油菜素内酯是一类生理活性很高的新型植物生长调节剂。它是植物体本身具有的一种内源激素，世界上公认为第六类植物生长调节剂，学名油菜素内酯。具有高效、广谱、无毒等特性。目前，以芸薹素内酯为基本物质，已经生产出不同商品名称的植物生长调节剂品种。

7. 石油助长剂 是从石油和加工残渣等中提取的，主要有效成分是环烷酸钠或环烷酸钾（铵）以及具有刺激植物生长作用的石油物质等。在烟草上可以促进发芽和幼苗生长。使用方法：

播种前，先用清水配制 0.005％浓度溶液，把烟草种子浸种 3 小时。在苗期用同样浓度的石油助长剂喷洒叶面，也可促进幼苗生长和提高移栽成活率。使用时可适当加入表面活性剂吐温 80 等提高药效。注意石油助长剂遇酸变质失效，不能与酸性农药混用。另外还有植物生长抑制物质，对植物的生长有一定的抑制作用。代表品种有矮壮素（CCC）、比久（B₉）、缩节胺、多效唑（PP333）等。以上几大类植物生长调节剂的作用方式大致有三类：第一类是生长促进剂，如促进生长、生根用的奈乙酸，打破休眠用的赤霉素，防止衰老用的 6-苄基氨基嘌呤素。第二类是生长抑制剂，如防止疯长的矮壮素等。第三类是可以诱导植物的免疫体系，增强植物对病原菌的抵抗能力的物质。

7.3.2 植物生长调节剂的使用技术

1. 施用浓度 植物生长调节剂对植树的生长发育具有促进和抑制双重效应，一般在低浓度范围内，表现出有益的作用；而高浓度则会引起新陈代谢的紊乱，抑制生长，严重的还会导致死亡。因此，适用浓度是否适宜将直接影响调节剂的应用效果，必须根据适用目的灵活掌握。

2. 施用次数 通常情况下，植物生长调节剂在关键时期施用一次就会有明显的效果，多次施用不但费工费药，而且效果不一定比一次施用好。但是，在使用植物生长延缓剂时，低浓度多次使用要比高浓度一次施用效果好。因为低浓度多次施用不仅可以保持连续的抑制效果，而且还能避免对植株产生毒副作用。

3. 施用时期 植物生长调节剂在适宜的时期施用才能达到预期效果，而施用适宜期则应根据使用目的来确定。如促进烟草早发，宜选用促进剂在苗期施用；防止徒长，确保稳长，宜选用抑制剂在苗期施用；促进叶片发育、防止植株早衰和促进早熟，宜选用相应的生长调节剂在后期施用。同一生长调节剂在同一作物上使用，目的不同，施药时期也不同。如在甜瓜生产上使用乙烯利，用于控制花器性别，增加雌花，宜在幼苗 2 叶期施用。用于促进果实成熟，则宜在果实采收前 5～7 天施用。而要抑制烟草的侧芽生长，要选择打顶后立即使用。由于在不同的时期，烟草生长发育的重点不同，应用生长调节剂，就可能产生不同的甚至相反的效果。因此必须结合当地实际状况，先在本地试验后再应用，严格掌握各种生长调节剂的施用时期。

4. 应用生长调节剂要与当地的生产情况相结合 同一种生长调节剂的作用与品种、气候、作物长势等因素有关，也受产品质量、使用方法等因素的影响。因此，使用前必须总结本地的经验，根据实际情况调整使用方法。

5. 必须与其他技术措施相结合 使用植物生长调节剂仅是作物栽培管理的辅助手段，不能盲目孤立地依赖生长调节剂。管理不善、缺乏肥水，单靠生长调节剂就很难达到栽培优质高产作物的目的。只有在加强综合栽培管理技术的基础上，生长调节剂才可收到较好的效果。要注意不要以药代肥。植物生长调节剂是生物体内的调节物质，使用植物生长调节剂不能代替肥水及其他农业措施。即便是促进型的调节剂，也必须有充足的肥水条件才能发挥作用。在干旱气候条件下，药液浓度应降低。反之，雨水充足时使用，应适当加大浓度。施药时间应掌握在上午 10 时以后，下午 4 时以前，施药后 4 小时内遇雨要补施。

6. 不能随意混用 几种植物生长调节剂混用或与农药、化肥混合使用，虽可减少用工，发挥综合效益，但必须在充分了解混用之后产生增强或抑制作用的基础上决定是否混用。目前，市场上有名目繁多的植物生长调节剂，有的是以肥料的形式出现的，有的是以生长调节剂的形式出现的，各地在选用这些药剂时，一定要认真分析该药剂的特点，严格按照使用说明，在使用过程中不要随意和其他药剂混用。使用这些药剂后，也不要立即再使用其他药剂，以免对作物造成伤害。进入 21 世纪，人类所需粮食来源的 3/4 都必须靠提高现有耕地面积的单产来解决，提高粮食单产的主要措施有遗传工程、根围技术及植物生长调节剂，以及这些技术的综合运用，其中植物生长调节剂的运用具有用量小、增产作用大、使用方便安全、投入小见效快等许多优点，受到特别广泛关注。基于这种情况和我国农业现状，专家们指出要高度重视新型植物生长调节剂的研究与应用，逐步形成产业化，促进农业的进一步增产，这是人类要更好地生存和发展所提出的严峻课题。此外，为了让广大农民真正接受植物生长调节剂，要在售前进行推广与技术培训，售中进行操作指导，售后做好跟踪服务，必须实施全过程的农化服务，才能有利于植物生长调节剂的科学、合理使用。

7.4　喷洒棉花脱叶催熟剂作业技术规程与作业标准

7.4.1　拖拉机的准备

1. 整机完整，外观整洁，各连接部位联结应可靠。

2. 正常作业时，无异常温升，不漏油、不漏水、不漏气、排气烟色正常。

3. 油门操纵灵活，转速平稳。关闭油门或操纵熄火拉钮或按钮，即能停止运转。

4. 拖拉机配套喷雾机动力输出轴应有防护罩。

5. 为了有效提高脱叶剂喷施效果，应使用高架拖拉机（地隙 70～80 厘米）配套悬挂喷雾器或牵引式喷雾器（地隙 70～80 厘米），或者是高架自走式喷雾机。

6. 拖拉机和喷雾机轮距的调整：为符合机采棉田行距，以方便喷施作业。二膜十二行播种机播种的机采棉，应将拖拉机轮距调整为 225 厘米（或轮胎内侧间距大于 190 厘米），即前轮与前轮、后轮与后轮中心距为 225 厘米。同时，牵引式喷雾机轮距相应地调整为 225 厘米。拖拉机和喷雾机作业时，轮胎不允许压在地膜覆盖的棉花行间，以免压破地膜。

7. 分禾器的制作与安装拖拉机牵引或悬挂喷雾机喷施脱叶剂，拖拉机和牵引喷雾机的行走轮必须安装分禾器。分禾器前端应为圆弧状，不能出现棱角，分禾器的角度（前部的圆弧母线与地面的夹角）应小于60°，有利于将棉花枝条向上部方向分开。底部距地面高度25厘米，顶部距地面高度80厘米（即分禾器高度55厘米）。

7.4.2 喷雾机的准备

为提高脱叶剂喷施效果，应使用吊杆式喷雾机或风幕式喷雾机。

1. 风幕式喷雾机应保证其风幕无破损，出风量达到标称值。

2. 药箱应有明显的容量标示线。操作者给药箱加液时，应能清楚地看到液面的高度。药箱盖不应出现意外开启或松动现象。

3. 药液泵应具有调压、卸荷装置。应安装有能显示相应工作压力的压力表。

4. 风幕式喷雾机的风机叶轮应无损伤、松动和明显变形，转动平稳无异响。进风口处应装有滤网和安全防护罩。

5. 喷杆折叠机构可能产生挤夹和剪切危险的部位，应设有保护装置或警告标志。在运输过程中，喷杆能牢靠地固定在运输位置。

6. 喷雾机的检修和保养应符合相关技术要求。做到开关灵活，各连接部件畅通不漏水，喷头雾化良好。需要润滑的部位，按要求注入适量润滑油。

7. 吊杆式喷雾机喷头、喷杆的安装与调整：

（1）喷杆端直且与地面平行，高度适当；喷头向下，对准窄行顶部中间位置。

（2）吊杆应悬挂于棉花宽行的中间位置，吊杆上的四个喷头分两层左右对置安装在吊杆的中、下部（相距 22 厘米）；喷头露出吊杆外管不超过 5 毫米。

（3）吊杆的弹力要适中，吊杆下部喷头升高 10 厘米时弹力控制在 0.6～0.8 千克（用便携式弹簧秤测试）。弹力过小吊杆易漂浮于棉株上，弹力过大吊杆易挂掉棉枝或棉桃。

7.4.3　棉花脱叶催熟剂剂型和配方

1. 剂型　脱吐隆＋伴宝＋乙烯利。

2. 配方

（1）脱吐隆（11～13 毫升/亩）＋伴宝（50 毫升/亩）＋乙烯利（70～100 毫升/亩）。

（2）基本原则正常棉田适量偏少，过旺棉田适量偏多。早熟品种适量偏少，晚熟的品种适量偏多。喷期早的适量偏少，晚的适量偏多。超高密度棉田，因营养体过大，可适量偏多。

7.4.4　田间准备和气象调查

1. 实地勘查喷施脱叶剂作业前两天，组织相关农业技术人员调查棉花吐絮率、上部铃成熟情况。调查棉花高度、第一果枝高度、行距、接行和倒伏状况是否满足机采要求，以确定可否喷施脱叶剂。

2. 人工分行：

（1）丈量喷雾机具的作业幅宽，根据测量数据选择机车进地路线，并在地头用标杆标示。

（2）组织人工对标示过的行车路线进行人工分行。分行时只需将棉株交叉的枝条分开，显示机车行驶的路线即可，严禁将棉株压倒、踩断。

3. 及时清除不利于机车作业的障碍物，无法清除的障碍物必须做明显的标记。

4. 了解掌握相应的气象情况，为喷施作业提供适宜的时间段。

5. 根据棉花品种、播种时间、成熟度等因素，确定脱叶剂喷施地块的先后顺序。

7.4.5 脱叶剂喷施时间

脱叶剂喷施时间和温度时间要求：棉花顶部棉铃基本成熟（通常是 9 月 10 日）。温度要求：气温高于脱叶剂使用的最低温度（14 ℃）。脱叶要求：采收时脱叶率达到 90％以上。

1. 时间范围。根据北疆地区天气情况和顶部棉铃的生长期，喷施脱叶剂时间一般应在 9 月 10—15 日。

2. 温度。要求适宜温度 18～20 ℃，最低温度 14 ℃。

3. 喷药当天无大风和降雨，喷后三天内温度适宜。喷药后 12 小时内若遇中量的雨，应当重喷。

7.4.6 药剂的管理

1. 药剂的选用应根据作业计划，确定作业时间和作业面积，科学选用适宜农药，按照配方要求组织实施。

2. 药剂配制：

（1）药剂配制应由植保人员负责。

（2）药剂配制过程应符合植保作业相关技术要求。

7.4.7 试喷

1. 作业人员持有效上岗证件。

2. 机具技术状态良好。

3. 脱叶剂按规定要求已配制好。

4. 在地头试喷，察看机具工作状态和喷雾效果。

7.4.8 喷药作业

1. 根据预先在地头插好的标杆，进地作业。采用梭形行进，不重不漏。

2. 作业开始后，随即检查喷药的质量，查看植株上下叶片是否喷到药物。

3. 作业时，保持直线行驶，注意观察喷杆是否距棉花顶部距离一致；喷雾压力、油门、车速是否保持稳定；喷头有无堵塞现象。如有故障，及时停车排除。

4. 由于棉花密度高，棉叶亩喷量 35～40 千克/亩，药液要喷到棉株的上、中、下部，叶片受药量大且较为均匀，喷后叶片受药率不小于 95％。

5. 在正常作业的第一个行程后必须校正喷药量。根据已喷面积和用药量，计算实际亩喷药量与要求药量是否相符，若有差异应进行调整。

7.4.9　脱叶、催熟效果的检查

作业结束后，分别于第 7 天、第 10 天对吐絮率、落叶率进行测定，是否可达到机采作业时所要求的指标。如果脱叶质量、吐絮效果太差，可进行人工点片补喷。

7.4.10　安全防护

1. 配药、喷药过程中要十分注意安全防护工作，严格按照技术操作规程进行作业。作业前要备好肥皂、毛巾和清水等用品。

2. 喷药人员在作业时要戴口罩、保护镜和橡胶手套，穿保护性工作服，严禁吸烟和饮食。

3. 喷药后应立即洗澡，并将作业服等保护性用具彻底清洗干净。

4. 喷雾机的清洗。每天喷药结束后，要用清水冲洗药箱、泵、管路、喷头和过滤系统，清洗中应避免污染水源。全部喷药作业完毕，喷雾机动力输出、行走等部件也要清洗干净，然后涂油保养，防止生锈和被残留药剂腐蚀。长期不用时，要按照喷雾机各部件的要求保养贮存。

5.药品应以原包装加锁放置于阴凉处和儿童接触不到的地方，并远离食品和饲料。

图7-1为袖筒式喷杆喷雾机在作业，图7-2为牵引式喷雾机，图7-3为3WZ-300喷杆式喷雾机，表7-1为3WZ-300喷杆式喷雾机主要参数和技术规格。

图7-1 袖筒式喷杆喷雾机

图7-2 牵引式喷雾机

图 7-3　3WZ-300 喷杆式喷雾机

表 7-1　3WZ-300 喷杆式喷雾机主要参数和技术规格表

外形尺寸（运输状态）（毫米）	1 550×1 150×860
药箱容积（升）	300
液泵	三缸柱塞泵
流量（升）	40
工作压力（兆帕）	0.2～0.4
动力输出轴转数（转/分钟）	600
幅宽（米）	6
搅拌方式	回流搅拌
净重（千克）	108

第八章

收获作业技术规程与作业标准

8.1 谷物收获作业技术规程与作业标准

8.1.1 农业技术要求

1. 适时收获

（1）联合收割机应在作物黄熟中期开始收获。

（2）割晒机收割应在腊熟后期至黄熟中期进行。

2. 割茬高度

（1）联合收割机的割茬高度一般为 15～20 厘米。有特殊要求时最高不超过 40 厘米。

（2）割晒机收割的割茬高度为 18～22 厘米。

3. 收获作业粮食总损失率（含割台损失、脱净损失、清选夹带损失等）应小于 2.5%。

4. 脱粒质量要求

（1）籽粒破碎率小于 2.5%。

（2）包壳率（水稻带柄率）小于 1.5%。

（3）水稻籽粒脱壳率小于 4%。

（4）粮食含杂率小于 5%。

8.1.2 作业前的田间准备

1. 田间勘查

在收获前 7～9 天进行田间勘查，了解以下情况：

① 作物成熟度及其均匀性；

② 作物倒伏状况，杂草高度和密度；

③ 作物产量预测；

④ 稻田停水后地表干湿状况；

⑤ 通往田间、晒场的桥梁、道路情况，必要时进行修整。

2. 田间准备措施

（1）灌完最后一遍水后三五天平整田间毛渠、横埂，填平深度在 20 厘米以上的沟坑。

（2）在收获前三天内完成以下工作：

① 清除石块，木桩等障碍；

② 割除高大的杂草；

③ 严重倒伏的作物用人工割除或扶起捆扎成小束；

④ 用牵引或侧悬挂割晒机收割的地块，用人工割出机组作业通道。地头通道宽度不小于 5 米，地边通道不小于 2.5 米，作业小区分界通道为 3 米。

3. 规划作业小区

（1）地块面积在 3 公顷以上时应规划作业小区。

（2）作业小区规划呈长方形，其宽度不宜超过 60 米，合理的长度比应不小于 5：1。

4. 选择和确定机组近地点，并平整近地点路面，消除妨碍机组通行的树权，避开电线。

8.1.3 作业前机组的准备

1. 机组人员配备

（1）联合收获机组每班配中级以上驾驶员 1 人，助手 1 人。

（2）每个运粮车组每班配驾驶员 1 人，非自卸车配卸粮助手若干人。

（3）割晒机组每班配驾驶员 1 人，助手 1 人。

2. 联合收获机的技术检查与调整

（1）收割台的检查与调整。

① 刀片铆接牢固，铆钉不得突出刀片表面；定刀片应在同一水平面上，每五个相邻的定刀片平面度不大于 0.5 毫米。

② 护刃器梁每米长度内的直线度为：水平面不大于 4 毫米；垂直面不大于 8 毫米，否则应加以校正。

③ 割刀行程符合要求，当处于左右极限位置时，动刀片中心线应与定刀片中心线重合，偏差不大于 5 毫米（E - 512/514 型动刀片中心线应超出定刀片中心线左右各 5～7 毫米）。

④ 动刀片与定刀片重合时，前端应相互接触，后端有 0.5～1 毫米间隙。允许前端有小于 0.5 毫米的间隙，后端间隙不大于 1.5 毫米，但其数量不超过总数的 1/3。

⑤ 压刃器与动刀片间间隙不大于 0.5 毫米，切割器装好后，手轻推刀杆能左右移动。

⑥ 割刀驱动机构运转平澎，无冲击和杂音。

⑦ 拨禾轮轴向间隙不大于 5 毫米，径向间隙不大于 2 毫米，转动灵活，无碰撞卡滞现象。拉筋紧度一致，偏心滚轮全部与偏心环接触。

⑧ 拨禾器与切割器的距离一致，偏差不大于 20 毫米。拨禾齿倾角调节范围不小于 45°

⑨ 割台螺旋输送器转动灵活，与底板间隙为 5～25 毫米，与割台两端侧板间隙相等。伸缩扒齿运动灵活，动作一致，与底板间隙不小于 6 毫米，与齿套间隙不大于 3 毫米。

⑩ 刚性割台离地间隙应一致，其偏差不大于 40 毫米。

（2）倾斜输送器的检查与调整。

① 倾斜输送器无扭曲变形，保持割台呈水平状态，外壳无裂纹和漏洞，与收割机连接处应严密，间隙不大于 2 毫米，并能上下浮动。

② 链耙张紧度符合技术要求，一般有一根耙板与底板轻轻接触。

（3）脱粒滚筒的检查与调整。

① 滚筒纹杆无变形和裂纹，齿纹高度不小于新品的 2/3 时，允许脱粒麦类作物，齿纹高度小于新品 2/3 而大于 1/2 时，允许脱粒豆类等大粒作物。

② 换装新纹杆要成组更换；换装旧纹杆应进行选配，要求磨损量最近，每根质量差不超过 50%。

③ 钉齿滚筒的主要技术要求：

a. 钉齿工作边缘磨损不超过 4.5 毫米，安装端正、牢固，榔头敲击时发出清脆响声；滚筒间隙调到最小时，滚筒和凹板的钉齿不碰撞。

b. 滚筒转动平稳灵活，轴向窜动量不大于 0.4 毫米，径向跳动量不大于 1.5 毫米。

④ 调整滚筒间隙的各部件不变形，间隙调整范围符合规定要求；滚筒全长上各处间隙一致；偏差不大于 1.5 毫米。

（4）分离机构的检查与调整。

① 逐秸轮转动灵活，壳体与两侧臂间隙一致，偏差不大于 5 毫米。

② 键式逐秸器筛面无变形，筛齿角度一致，筛体无裂纹，底板平滑，检查口盖封闭严密。

③ 键式逐秸器与曲轴联结可靠，轴向窜动量不大于 1.5 毫米，各逐稿器之间与两侧壁之间距离相等，偏差大于 5 毫米。

④ 键式逐秸器用手能灵活转动，无卡滞磨损现象。工作中运转平稳，运转 5 分钟后轴瓦不得发烫。

⑤ 键式逐秸器上方档帘完整无损。

（5）清选机构的检查与调整。

① 筛架对角线长度差不大于 5 毫米，相对应的吊杆长度应一致，相差不超过 2 毫米。

② 鱼鳞筛开度调整灵活，闭合时必须严密，局部间隙不大于 3 毫米。

③ 承种盘无变形及裂纹，工作表面清洁无锈蚀，与两侧壁间隙一致，相差不大于 5 毫米，胶质密封带完好无损，封闭严密。

④ 风扇壳体和叶板无变形和裂纹，不相互碰撞，转动灵活，导风板和风量调节机构调整灵活可靠。

⑤ 推运器壳体无变形、裂纹及漏洞，底部折页活门封闭严密，螺旋叶片工作表面光滑无毛刺，与壳体间隙 10～15 毫米。

⑥ 颗粒和杂余升运器壳体无变形、裂纹及漏洞，上下盖板封闭严密，升运链条紧度适宜，用手提拉链条可与漏板相距 15～20 毫米，或用手扳动刮板可倾扳 30°。

⑦ 粮箱壳体安装牢固，无裂纹和漏洞。

（6）传动机构的检查与调整。

① 同一回路的皮带轮或链轮应在同一平面内，允许偏差，皮带轮不大于 3 毫米，链轮不大于 2 毫米，皮带轮、链轮外缘端面跳动不大于 2 毫米。

② 皮带无油污和损伤，两条以上皮带传动机构中，有一条皮带损坏时，应全部更换。

③ 皮带和链条的紧度调整适中，皮带温剩不超过 30 ℃。

④ 无级变速器主、被动轮的技术状态完好，被动盘能作自由的轴向运动，实现平稳柔和的变速。

（7）行走部分的检查与调整。

① 行走离合器分离彻底，结合平稳，无打滑现象。

② 变速器运转时不得有不正常的响声和过热，挂挡顺利，锁定可靠，不得有自动脱挡、跳挡和同时挂双挡的现象。

③ 制动器踏板行程和工作行程符合规定要求，制动灵敏可靠。冷制动减速度不小于 3 米/秒²。

④ 导向轮前束符合规定要求，各轮胎充气压力符合要求。

（8）茎秆切碎抛撒机构的检查。

① 茎秆切碎器运转平稳，机架无变形，两对角线长度差不

超过 10 毫米；护罩固定可靠，刀片无碰撞。

② 刀片齐全，每排刀片缺少不得超过 2 片，刃口厚度不超过 1.5 毫米；各动刀片与定刀片间隙一致，相差不超过 2.5 毫米；定刀伸出长度的调整应灵活可靠。

③ 抛撒分布器调整灵活，抛撒均匀，抛撒幅宽符合要求。

（9）其他机构的检查。

① 液压系统工作正常，能灵活可靠地实现转速和位置的调节；各油管接头和工作部件无泄漏，工作压力、工作温升正常。

② 电器设备齐全。发电机、电动机、蓄电池工作正常，仪表指示准确清晰，照明设备、喇叭及信号指示设备、监控设备工作可靠。

③ 整机外壳完好，无变形和破损，保持外观整洁。

④ 各调节机构应保证操作方便，调节灵活、可靠，各部件调节范围应达到规定的极限值。

⑤ 发动机技术状态正常。

a. 功率不低于额定功率的 90%。

b. 在环境温度不低于 -5 ℃的条件下，能顺利启动。

c. 不漏油、不漏气、不漏水、不漏电。

3. 试运转

（1）进行过高号以上保养和维修的发动机，要按技术规范试车。

（2）经检查调整后的联合收割机要进行空载试运转：缓慢地接合作业离合器，低速运转，倾听有无杂音观察有无异常现象。若无异常，逐步提高转速，在中速下试转 30 分钟，观察各工作部件有无碰撞，操纵机构是否灵活可靠。

（3）中速运转无异常时，可将滚筒转速提高到额定转速，运转 10 分钟后，停车检查各轴承和运转部件有无过热等不正常现象，若有不正常，应进一步调整排除。

（4）空载试运转后，应进行空行试运转。由低档到高档，在各挡位运行 10 分钟，观察变速箱、离合器、传动齿轮及刹车是否正常，若有异常，要进一步调整。

（5）在试车过程中，若有异常，各调节部位要在全范围内由大到小地逐步进行调整。

4. 割晒机的检查与调整

（1）切割装置拨禾轮的检查调整方法可参考 8.1.3 收割台的检查与调整中的相关内容。

（2）输送带转动灵活，调整正确，不跑偏，无卡滞现象。禾铺铺放装置调整灵便。

（3）传动机构工作平稳可靠，润滑良好。

5. 运粮机组的准备

（1）根据运输距离和机组生产率配足运输机组，保证行进中卸粮不得影响作业效率。

（2）运粮汽车或拖拉机与挂车技术状态良好，启动方便，制动可靠，照明和信号齐全；车厢挂接可靠，封闭严密无漏洞（可用篷布铺垫）。

6. 作业前其他物资准备

（1）做好易损零件的储备，及时供应燃料、润滑油等。

（2）组织好修理服务，简单维修能在田间进行。

（3）准备好机组和田间地头必备的消防灭火器材。

7. 机组的田间运送要求

（1）同组各工作部件停止运转，外壳罩盖关关闭扣紧，粮箱卸空，卸粮推运器放在运输位置并可靠固定。

（2）收割台提升到最高位置并加以锁定，如运输距离较远或道路较窄，应将收割台卸下，割台运输车运送。

（3）牵引式割晒机应拆装成运输状态。

8. 收获水稻和油菜时脱粒装置的更换

（1）收获水稻时应使用钉齿式滚筒和凹板。

（2）收获油菜时应使用缝隙小的漏种格。

8.1.4　作业程序与方法

1. 整机查漏　机组进入田间后，以工作状态向前收获 15 米后停车，在已割地上铺放帆布，机组再倒车到帆布上，然后用人工均匀喂入谷物，原地脱粒 3 分钟。如发现有籽粒落在帆布上，应在落粒上方对应处找出缝隙或漏洞，加以排除，直至无漏籽时为止。

2. 实地试收　机组各部运转正常后，进行第一行程试割。开始用一档中油门作业，注意观察收割、输送、脱粒、清选各部分的作业负荷情况，逐步加速达到满负荷正常状况，并检查作业质量，进行必要的调整。

3. 行走方法与作业速度

（1）作业一般采用右旋向心回形绕转法路线，并尽量采取满割幅作业以减少割台损失。

（2）作业速度要根据条田稻、麦产量、稠密情况和机组负荷情况灵活掌握，但其实际行进速度必须低于收割机最大喂入量所允许的作业速度。用公式 8-1 计算：

$$V_d = \frac{36\,000 \cdot q}{B \cdot m(1+k)} \qquad\qquad 式（8-1）$$

式中：V_d——最大喂入量时允许的速度，千米/小时；

q——联合收割机最大喂入量，千克/秒；

B——联合收割机幅宽，米；

m——有一定水分的谷物单产，千克/公顷；

k——草谷比。

4. 正常作业

（1）联合收割机进地后先割两端地头，其地头回转宽度不小于两个割幅。转角处应割成圆弧形以利转弯。

（2）机组在作业中应保持直线前进，驾驶员应集中精力操作，保证不漏割或压倒作物。

（3）割茬整齐一致，高度符合要求。

（4）作业中随时注意各工作部件是否正常，发现杂音、异味、堵塞等异常现象应及时排除。

（5）带有集草车的收割机卸草时不得倒退，所卸草堆应整齐成行。

（6）颖壳收集器应在地头卸下颖壳，以利集中拉运。

（7）早晚湿度大、草多、产量高时应放慢作业速度，中午气温高、作物干燥时可适当提高作业速度。

8.1.5　作业中的检查与调整

1. 收割台的检查与调整

（1）拨禾轮转速保持其外缘线速度为前进速度的 1.3～1.7 倍，但最大不超过每秒 3 米。

（2）拨禾轮高低位置依植株高低调整，保持拨禾轮压板翻压在作物被割下部分的上 1/3 处。

（3）拨禾轮水平位置根据作物高度和倒伏状况调整：一般拨禾轮应位于切割线前 6～9 厘米；收获短秆作物时移近至 2～3 厘米。收割倒伏作物时首先根据倒伏程度调整拨禾齿倾角，再调整拨禾轮位置：前进方向与倒伏方向一致时，拨禾轮降低并前移拨禾轮轴至切割线前 40～60 厘米处，拨禾弹齿尖端距护刃器 2～3 厘米；前进方向与倒伏方向相反时，拨禾轮要后移至切割线前 2～3 厘米处。

2. 脱粒与分离机构的检查与调整

（1）脱粒滚筒的转速与间隙，根据作物种类和籽粒性状调整：收获粒大、成熟度高、干燥、易脱粒的作物时，滚筒转速应降低，间隙应偏大，否则相反。

（2）检查脱净程度和籽粒破碎状况，当脱净率与破碎率高时应降低滚筒转速或增大滚筒间隙，一般调整要求如表 8－1。

表 8 - 1 不同谷物脱离调整间隙统计表

作物名称	滚筒转（转/分钟）	滚筒间隙（毫米）	
		入口	出口
水稻	700～900	18～24	6～12
小麦	1 000～1 200	12～20	3～8
高粱、大豆	500～700	20～28	8～14
玉米、向日葵	300～500	40～46	20～34
大麦	800～1 000	16～22	4～10

（3）收割水稻要特别注意保持凹板和漏种格清洁无堵塞。

（4）检查茎秆中夹带籽粒的情况。当夹带籽粒多时应将键式逐稿器上方档帘适当降低。

3. 清选机构的检查与调整

（1）鱼鳞筛上筛的开度应比下筛大。在收获籽粒大、杂草多、湿度大的作物时，上筛开度增大至全开，下筛同时开大，但最好不超过 1/3，收割高产水稻时，上筛应选用大鱼鳞筛片。

（2）检查调整筛子倾角。收割杂草多、湿度大、清选困难的作物时，应将筛子后部提高，增大倾角。当杂余推运器中混入大量籽粒，调整下筛开度和风量无效时，应将下筛后部调高；籽粒清选洁度差，调整下筛开度和风量无效时，应将下筛后部降低。

（3）风量风向的调整。收割籽粒大、杂草多，湿度大的作物时，风量应调大并吹在筛子的中部略偏后，反之则应将风量调小并吹在筛子的中部略偏前。

风扇和筛子一般调整如表 8 - 2。

表 8 - 2 谷物收获机风扇和筛子调整表

调整部位	作物种类					
	小麦	大麦	大豆	水稻	玉米、向日葵	油菜
风扇转速（转/分钟）	600	650	850	500～650	750	350
颖壳筛（上）开度（°）	12.5～19	12～19	11～19	16～19	11～16	6.5～9.5
壳粒筛（下）开度（°）	3～6.5	6～12	8～12.5	6.5～9.5	11～16	3～5

（4）尾筛挡板的调整应与风量和筛子倾角相配合，当发现有籽粒和断穗被吹出时，应调高尾筛挡板，反之可适当降低。

（5）经常清理抖动板和筛面上的杂草、断穗和麦芒等。

8.1.6　作业质量的检查与验收

1. 质量检查的准备

（1）建立质量检查制度，确定并培训质量检查员，学习熟悉质量要求与检查计算方法。

（2）用8♯铁丝制作一个2米×0.25米的长方形检查框，并配备必要的用具，如尺、秤、计算器、垫布等。

（3）在未割地段进行田间调查。主要内容有：

① 确定草谷比（k）。

$$k = \frac{W_谷}{W_茎} \qquad 式（8-2）$$

式中：$W_谷$——取样籽粒质量，克。

　　　$W_茎$——取样除籽粒以外的物料（含杂草）的质量，克。

注：取样的留茬高度应与规定割茬高度相同。

② 预测产量。割一平方米作物，搓下籽粒，称其质量；再选取数点分别求出质量，取其平均值即为每平方米籽粒质量（$W_籽$），进一步可算出含有一定水分的单位面积产量。

③ 检查自然损失。将检查框轻轻平放于未割地面上，捡起框内落粒落穗，并将落穗搓成粒，称其质量乘以2；按上法再选取数点分别求出质量，取平均值即为每平方米自然损失。

（4）选择检测点。选点应有代表性，10公顷以上的地块，检测点不得少于5个，小型地块选点可适当减少。

（5）建立"收获作业质量检查登记表"制度，按统一格式事先准备表格。

2. 质量检查内容与方法

（1）检查割茬高度。实测不同割幅内的割茬高度，取平均值（同一割幅内也应取左、中、右三点的平均值）。

（2）检查割台损失。按选点实测作业幅宽，从割幅的一端放置检查框，检出框内粒与谷穗，算出其每平方米籽粒总质量再减去自然损失，即为每平方米割台损失（$W_割$）。实测数点取其平均值，用下式算出割台损失率（$S_割$）：

$$S_割 = \frac{W_割}{W_籽} \qquad 式（8-3）$$

（3）检查脱粒清选损失。作业中用垫布接取一米长度上的收割机尾部全部排出物，清理检出颖壳、茎秆中的夹带籽粒与未脱净籽粒，分别求出其质量除以割幅宽度乘以长度，再与 $W_杆$ 相比算出清选损失率（$S_清$）与未脱净损失率（$S_米$）。

（4）计算收获总损失率（$S_总$）

$$S_总 = S_割 + S_清 + S_维 \qquad 式（8-4）$$

（5）检查脱粒质量。

① 抽取小样。在不同时间和地段，从粮箱随机取样 5～10 个（每次取样要混合均匀），每个小样的质量约 100 克。

② 处理小样。从小样中分出破碎籽粒，包壳籽粒（麦取下颖壳及穗梗，水稻摘下枝梗）、水稻脱壳籽粒、完整籽粒，分别称其质量，得 $W_整$，$W_包$，$W_充$，$W_二$。小样的全部籽粒质量（$W_小$）为：

$$W_小 = W_破 + W_包 + W_脱 + W_整 \qquad 式（8-5）$$

③ 算出小样中杂质质量（$W_杂$）：

$$W_杂 = P - W_小 \qquad 式（8-6）$$

式中：P——小样质量，克。

④ 计算脱粒质量指标

a. 破碎率：

$$Z_{破}=\frac{W_{破}}{W_{小}}\times100 \qquad 式（8-7）$$

b. 包壳率：

$$Z_{包}=\frac{W_{包}}{W_{小}}\times100 \qquad 式（8-8）$$

c. 水稻脱壳率：

$$Z_{脱}=\frac{W_{包}}{W_{小}}\times100 \qquad 式（8-9）$$

d. 含杂率：

$$Z_{杂}=\frac{W_{杂}}{P}\times100 \qquad 式（8-10）$$

⑤ 检查其他收割质量

a. 目测全部地块有无漏割；

b. 检查渠埂边有无操作不当造成的损失，检查转弯处有无被压倒的作物。

c. 检查有无因卸粮造成的抛撒损失。

3. 作业质量验收　根据作业中的各项检测结果填入作业质量检查登记表，由农户和机组人员共同综合评定作业质量，各方在登记表上签字验收。

图 8-1 所示为新疆-2A 联合收割机在田间作业情况，表 8-3 为新疆-2A 联合收割机主要参数和技术规格。

图 8-1　新疆-2A 联合收割机

表 8-3 新疆-2A 联合收割机主要参数和技术规格表

割幅（米）	2.1或2.36
喂入量（千克/秒）	2
配套动力（千瓦）	48
外形尺寸（毫米）	6 060×2 500×3 140

8.2 玉米收获作业技术规程与作业标准

8.2.1 技术要求

玉米收获机行距应与玉米种植行距相适应，行距偏差不宜超过 5 厘米。使用机械化收获的玉米，植株倒伏率应＜5％，否则会影响作业效率，加大收获损失。作业质量要求：玉米果穗收获，籽粒损失率≤2％，果穗损失率≤3％，籽粒破碎率≤1％，果穗含杂率≤5％，苞叶未剥净率＜15％；玉米脱粒联合收获，玉米籽粒含水率≤23％；玉米青贮收获，秸秆含水量≥65％，秸秆切碎长度≤3 厘米，切碎合格率≥85％，割茬高度≤15 厘米，收割损失率≤5％。

8.2.2 技术主要内容

玉米收获机械化技术是在玉米成熟时，根据其种植方式和农艺要求，用机械来完成对玉米的茎秆切割、摘穗、剥皮、脱粒、秸秆处理等生产环节的作业技术。玉米机械化收获大致可分为以下几种形式。

1. 联合收获 使用玉米联合收获机，一次完成摘穗、剥皮、集穗（或摘穗、剥皮、脱粒，但此时籽粒湿度应为 23％以下），同时进行茎秆处理（切段青贮或粉碎还田）等项作业，然后将不带苞叶的果穗运到场上，经晾晒后进行脱粒。

其工艺流程为：摘穗—剥皮—秸秆处理，三个环节连续进行。

2. 半机械化收获

（1）用割晒机将玉米割倒、放铺，经几天晾晒后，籽粒湿度降到 20%～22%，用机械或人工摘穗、剥皮，然后运至场上经晾晒后脱粒；秸秆处理（切段青贮或粉碎还田）。

（2）用摘穗机在玉米生长状态下进行摘穗（称为站秆摘穗），然后将果穗运到场上，用剥皮机进行剥皮，经晾晒后脱粒；秸秆处理（切段青贮或粉碎还田）。

其工艺流程为：摘穗—剥皮—秸秆处理，三个环节分段进行。

8.2.3 技术实施要点及注意事项

1. 技术要点 为保证玉米果穗的收获质量和秸秆处理的效果，减少果穗及籽粒破损率，提高秸秆还田的合格率和根茬的合格率，符合秸秆切段青贮的要求，玉米收获应满足以下要求：

（1）实施秸秆青贮的玉米收获要适时进行，尽量在玉米果穗籽粒刚成熟时，秸秆发干变黄前（此时秸秆的营养成分和水分利于青贮）进行收获作业。

（2）实施秸秆还田的玉米收获尽量在果穗籽粒成熟后间隔3～5 天再进行收获作业，这样玉米的籽粒更加饱满，果穗的含水率低，有利于剥皮作业。秸秆变黄，水分降低更利于将秸秆粉碎，可以相对减少功率损耗。

（3）根据地块大小和种植行距及作业质量要求选择合适的机具，作业前制定好具体的收获作业路线，同时根据机具的特点，做好人工开割等准备工作。

2. 注意事项

（1）收获前 10～15 天，应对玉米的倒伏程度、种植密度、行距、果穗的下垂度、最低结穗高度等情况，做好田间调查，并提前制定作业计划。

（2）提前 3～5 天，对田块中的沟渠、垄台予以平整，并将水井、电杆拉线等不明显障碍安装标志，以利安全作业。

（3）作业前应进行试收获，调整机具，达到农艺要求后，方可投入正式作业。国产玉米联合收获机多需对行收获，作业时其割台要对准玉米行，以减少掉穗损失。

（4）作业前，适当调整摘穗板间隙，以减少籽粒破碎；作业中，注意果穗升运过程中的流畅性，以免卡住、堵塞；随时观察果穗箱的充满程度，及时倾卸果穗，以免出现果穗满后溢出或卸粮时卡堵现象。

（5）正确调整秸秆还田机的作业高度，保证留茬高度小于10厘米，以免还田刀具打土、损坏。

（6）安装灭茬机时，应确保除茬刀具的入土深度，保持除茬深浅一致，以保证作业质量。

3. 机具操作的一般要求

（1）运输过程中，应将玉米联合收获机及秸秆还田装置提升到运输状态，前进方向的坡度大于 15°时，不能中途换挡，以保证运输安全。

（2）作业过程中，随时观察作业质量，如发现作业质量有问题或机具有故障时，必须将发动机熄火后方可进行调整和排除故障操作。

（3）地面坡度大于 8°的地块不宜使用玉米收获机作业。

（4）玉米收获机转弯时的速度不得超过 3～4 千米/小时。

图 8－2 所示为新疆 4YZ－3/4 型自走式玉米联合收获机，表 8－4 为新疆 4YZ－3/4 型自走式玉米联合收获机主要参数和技术规格。

图 8-2 新疆 4YZ-3/4 型自走式玉米联合收获机

表 8-4 新疆 4YZ-3/4 型自走式玉米联合收获机主要参数和技术规格表

项　目	技术性能指标
外形尺寸（长×宽×高）（毫米）	7 730×2 360×3 440
工作行数（行）	3
适应行距（毫米）	500～750
工作效率（亩/小时）	4～8
整机质量（千克）	5 240
籽粒破碎率	≤1%
籽粒损失率	≤2%

8.3　机采棉作业技术规程与作业标准

8.3.1　机采技术要求

1. 收获条件棉田脱叶率 90%、吐絮率 95% 以上时可进行机械收获。

2. 收获作业时应合理制定行走路线，以减少撞落损失。

3. 总损失率不大于 7%。

4. 含杂率收获籽棉含杂率不大于 12%。

5. 回潮率籽棉回潮率（含水率）不大于 12%。

6. 为提高采净率，减少损失浪费，棉花种植行距不符合（66+10）厘米配置方式、接行错位量大于 3 厘米、棉株平均高度小于 65 厘米、第一果枝高度低于 20 厘米和倒伏严重的地块不宜采收。

8.3.2 田间准备

1. 田间勘查

（1）在收获前一星期进行田间实地勘查。

（2）查看棉花的脱叶率、吐絮率。

（3）查看采收条田和道路的通行条件，确定进出条田的路线。

2. 田间清理

（1）用土覆盖支管处的残膜和滴灌带。

（2）清除田间杂草，尤其是含水率大的杂草必须彻底清除并置于地外。

（3）清除影响通行的障碍物，无法清除的障碍物必须做明显的标记。

（4）严重倒伏的棉花用人工采摘或扶起。

（5）地头两端，组织人工采摘宽度 25 米，并采摘不规则地边。有道路可供机组回转的，可以不用人工采摘。

8.3.3 机组的准备

1. 机组人员

（1）驾驶操作人员必须经过技术培训，持有效驾驶证方可上岗。

（2）每台采棉机配驾驶员 2 人，保养及维护人员 1～2 人。负责机采质量及必要的辅助工作，坚持班次保养制度。

（3）每辆运棉车配驾驶员 1 人，卸棉助手 1 人。

（4）运棉车驾驶员与采棉机操作人员应协调一致，相互配合，以提高工作效率。

2. 采棉机作业前的技术检查与调整

（1）启动前严格按操作说明书对相关部位进行保养、检查、调整。

（2）鸣号启动机车，检查各系统仪表指示是否正常，有警示时必须查找原因，排除故障，确认正常后，鸣号启动。

3. 运棉车的准备

根据条田棉花产量、运输距离和采棉机工作效率配备运棉车，保证及时卸棉（一般情况按每台采棉机配 4 辆运棉车）。

4. 作业前其他物资准备

（1）每台采棉机配置的 4 辆运棉车应准备一张白色全棉的卸棉篷布（尺寸：比运棉车厢长 4 米，比运棉车厢宽 4 米）。

（2）做好易损零件的储备，及时供应燃料、润滑油等。

（3）组织好修理服务，简单的调整维修能在田间进行。

（4）准备好机组和田间地头必备的消防灭火器材。

8.3.4　作业程序

1. 机组试收

（1）采棉机组按要求准备完毕后，进入田间作业。

（2）以正常工作状况前进 50 米后停车，在已收地中测定棉花的采净率、棉箱内棉花的回潮率及含杂情况。如不符合要求，进行相关调整。籽棉回潮率超标对提高棉花加工质量、降低加工成本、防止棉花霉变极为不利。规定箱内棉花的回潮率大于12％时，不应继续采收。

2. 正常作业

（1）采棉机作业中应保持直线前进，操作规范，不漏采、不重采。

（2）作业中保持警惕，注意观察仪表盘、机车前后关键部位工作情况。

（3）严格按照说明书，对采棉机进行相关清洗、保养、调整，以保证作业质量和采棉机工作的可靠性。

3. 卸棉

（1）运棉车应停在卸棉篷布中间，采棉机卸棉时应防止棉花卸到地面，以免地膜和杂质混入棉花。

（2）为减少籽棉与杂质混合以利加工清杂和防止地膜混入棉花，不允许将棉花卸到地头地边。

（3）若遇特殊情况需将棉花卸到地头，必须铺垫白色全棉篷布。

8.3.5 作业中的检查与调整

为提高采净率，减少含杂率，作业中随时注意以下工作部件的工作状况，必要时，停车检查并调整。

1. 采摘头倾斜度：当采棉头处于工作状态时，采摘头前滚筒应低于后滚筒，在正常状况下，CASE 型采棉机前滚筒低于后滚筒约 51 毫米。JD 型采棉机前滚筒应低于后滚筒 19 毫米。

2. 植株压紧板与摘锭间隙。根据不同的棉株条件调整压紧板，切勿使压紧板与摘锭接触，始终保持压紧板与摘锭的间隙。JD 型为 3～6 毫米，CASE 型为 6.4 毫米。

3. 脱棉盘调整工作时，由于棉花品种的不同和不同使用状况需经常调整脱棉盘。棉箱装满待卸或条件允许时，要检查脱棉盘。

4. 润湿器压力、清洗刷的调整：

（1）润湿器清洗液的压力应设置为 138 千帕（1.38 千克/厘米^2）

（2）清洗刷板在水平方向上，第一翼片与摘锭轴套防尘圈中部对齐；在垂直方向上，保证所有翼片与摘锭刚好接触。

5. 工作中，应经常检查传动皮带的张紧度，一般保持皮带挠度 7 毫米。

6. 定期清洗，检查各工作部件：每卸载两次棉箱必须清洗脱棉盘、采摘头、输棉道及淋润器清洗滤网。

8.3.6 作业质量的检查与验收

1. 作业质量检查：

（1）建立质量检查制度。由连队领导或技术人员、承包户、机组人员共同组成验收小组，检查人员应熟悉质量要求与检查计算方法。

（2）在机车进地前对地块进行检查，主要内容有：脱叶率、吐絮率等情况。

（3）正确选取样点，对采收质量进行检查。

（4）每50亩地选取2个样点，超过100亩的地块应选取5个样点。

2. 采收作业质量验收。根据作业质量指标进行综合评价，由连队领导、承包户、机组人员对照质量指标进行综合评价，然后三方在验收单上签字验收。如果对采收质量有分歧，由作业质量验收组进行协调解决。

3. 机械采收完毕后，进行必要的人工辅助采收，确保产量不浪费。

8.3.7 作业安全技术要求

1. 采棉机、运棉车安全技术要求

（1）机车报户挂牌，安全标志应明显，安全设备齐全。

（2）技术状态良好，达到"五净"、"四不漏"标准，启动方便，制动可靠，照明和信号齐全。

（3）运棉车应配备盖布、防火罩、灭火器。

2. 机组与人员安全要求

（1）驾驶员必须持有效的驾驶证。

（2）机组人员必须熟悉采棉机的性能、结构与使用方法、操作熟练并能排除一般故障。

（3）机组人员衣着应符合安全生产要求。

（4）非机组人员不得随意上机。

（5）不能在田间、地头、机车下乘凉休息、躺卧或睡觉，严禁在作业区内吸烟。

（6）在作业区内人员必须服从安全人员的管理。

3. 作业中的安全技术要求

（1）采棉机启动、起步、运转前应发出信号。开机前，确保全部操纵装置在空挡位或停车位，确定无意外情况方可启动行进。

（2）采棉机在空运转和作业中，严禁清理、调整各工作部件和排除故障。

（3）行车或作业时注意危险事物，如高压线、堤岸、渠道，应保持安全距离。

（4）排除故障或保养后，检查工具和配件，防止遗漏。

（5）夜间工作机组必须有足够的照明设施，检查调整和排除故障时严禁用明火照明。图8-3所示为几种棉花收获机。

图8-3　几种采棉机收获机

8.4 青贮饲料收获作业技术规程与作业标准

8.4.1 作业的技术要求

1. 适时收割，青贮玉米要求在乳蜡熟之间进行，适宜收获期为 8～12 天。

2. 总损失率不超过 3%。

3. 割茬尽可能压低，切割长度一般为 3～5 厘米。根据饲养对象的不同要求确定切割长度。

4. 运输、装窖要及时，装满一窖的时间越短越好。严禁将铁钉、石块、绳索等杂物装入窖内。

5. 边装边压，分层压实；人工压实每装填 20～30 厘米厚时进行一次。若用链式拖拉机碾压，可在装填 1～1.5 米厚时反复压实。并用人工辅助压实四周边缘。

6. 青贮饲料的含水量、加盐和尿素量以及窖的消毒等在畜牧师具体指导下进行。

8.4.2 作业前的田间机具准备

1. 进行田间调查，清除障碍物。修好道路和桥梁、平好渠埂，规划机组运行路线，牵引式青饲机还需要打好通道及回转地带。

2. 测算青饲产量。根据产量和运距计算运输车辆。

3. 做好青贮窖的清理消毒工作。准备好加水工具、盐、尿素等辅助原料。

4. 机具准备。

8.4.3 青饲收获机械的作业

1. 青饲收割机作业运行路线可采用环行法或套行法。

2. 机组前进速度要根据青饲作物生长情况而定，作物稀疏可快些，反之则慢些。但牵引式收割机动力输出轴转速应保持不变，转弯时应减速，并切断动力，防止漏割。

3. 作业班次结束后，认真进行检查保养。

4. 接合动力和机组起步要平稳。作业中细心倾听和注意各部工作情况，发现问题及时停车，切断动力，排除故障。

8.4.4 作业质量的检查验收

1. 割茬高度的检查：

割茬高度一般为7～12厘米，每个班次要检查2～3次，矮秆作物要低些，高秆作物可适当高些。

2. 切碎长度，实际平均长度和技术要求的误差不得大于50%。

3. 检查有无漏割和测算总损失率不得大于3%。

8.4.5 作业安全技术要求

1. 驾驶员与操作人员必须经过技术培训。

2. 工作时穿好工作服，扣好纽扣，系好鞋带。

3. 结合传动机构，起步前必须发出信号，禁止非机组人员靠近机器。

4. 机器传动行进作业中，严禁进行保养调整、清理或排除故障。

5. 机器行进作业时，严禁跳上跳下，严禁从动力输出轴上方跨越。

6. 机器工作时，不允许有人停留在青饲料喷口的射程以内。

7. 运料车和青饲收割机的配合要有明确的信号规定。接拖车要慢，注意挂结人员安全。运料车在卸料时要停稳；和窖边保持一定距离，并注意工作人员。

8. 在割台下面工作时，必须将割台支牢，磨刀时必须锁紧磨刀手柄。

9. 青饲收割机运行时，出料管弯头必须转向后方。

10. 用拖拉机压料时，严禁青贮窖内站人。

图 8 - 4 所示为 9QSZ - 3000 型自走式青（黄）贮饲料收获机，9QSZ - 3000 型自走式青（黄）贮饲料收获机主要参数和技术规格见表 8 - 5。

图 8 - 4　9QSZ - 3000 型自走式青（黄）贮饲料收获机

表 8 - 5　9QSZ - 3000 型自走式青（黄）贮饲料收获机主要参数和技术规格表

型号	9QSZ - 3000
配套动力（千瓦/马力）	175/240（自带动力）
收获幅宽（毫米）	3 000
作业方式	自走式，不对行收割
作业速度（千米/小时）	<8（视收获对象而定）
割茬高度（毫米）	≤150
物料切碎长度（毫米）	15～60（可调）
行走速度（千米/小时）	≤20
生产率（吨/小时）	50～100（取决于收获对象亩产量）
外形尺寸（毫米）L×W×H	7 260×3 080×3 220
重量（千克）	8 500

8.5　秸秆粉碎还田作业技术规程与作业标准

8.5.1　作业前的准备

1.作业前操作人员必须了解机具构造、原理及农艺要求，掌握机具安装、调试、操作技术。

2.应安排好作业机具，规划好作业地块，减少空行程。制定统一的质量验收标准。

3.清除作业中各种行车障碍，平整大的沟埂。不可清除的障碍要作出明显标记，确保安全作业。

8.5.2　作业程序及要求

1.玉米、高粱等高秆作物秸秆根茬还田的作业程序为：摘穗—粉碎—施肥—耕翻—耙耱；小麦等低秆作物秸秆根茬还田的程序为：穗部收获—粉碎—施肥—耕翻—耙耱。

2.摘穗或收割后的玉米秸秆或根茬应趁湿（含水率在30%以上）及时粉碎还田，间隔时间一般不超过一天，以减少秸秆养分散失。

3.作物秸秆或根茬粉碎后必须耕翻，耕翻深埋不低于24厘米，深耕前根据当地情况最好撒施适量农家肥和氮肥，以加速秸秆腐烂熟化。

4.秸秆粉碎深耕后，应立即耙磨，以增加蓄墒能力。春播前采取顶凌耙地、播后镇压等措施，不得二次深耕。

8.5.3　机具的安装调试

1.使用机具前，要按使用说明书认真安装调试。

2.对有万向节传动轴传动的机具，安装时要注意万向节安装方向。

3.机具作业中应保持水平位置。

（1）对后置悬挂式机具，通过调整斜拉杆和中央拉杆，使机具在工作位置时保持横向和纵向水平。

（2）后置半悬挂式机具的水平位置通过调整斜拉杆中央拉杆与地轮、尾轮配合进行。

（3）前置全悬挂式机具的水平位置，通过斜拉杆与中央拉杆配合调节。

4. 有圆锥滚子轴承及锥齿轮的机具，其位置、间隙要按照说明书认真调整。

8.5.4 操作技术

1. 挂接动力输出时，先将机具降到工作位置，平稳结合动力，然后缓慢起步，尽量使万向节、刀轴等处减少转动冲击。

2. 待机具运转正常后方可行走作业。

3. 机具进入作业状态，发动机必须保持标定转速，以保证粉碎机刀轴的正常工作转速。

4. 秸秆粉碎还田机切碎后的秸秆长度应小于 10 厘米，根部留茬高度为 5～10 厘米。根茬粉碎还田机切碎后长度小于 5 厘米。

5. 机组地头转弯时，一般应将机具提升但不得过高，防止万向节轴脱出或触及其他部位。

6. 进入运输状态前，需将动力输出切断，然后将机具提升到运输位置。

8.5.5 使用注意事项

1. 分置液压悬挂连接时，应排除油路中的空气。

2. 与分置液压悬挂的拖拉机配套时，分配器手柄置于"浮动"位置，不可置于"压降"位置。

3. 要经常检查机具，有故障必须停车排除故障，严禁在运转状态下检查机具。

4. 每作业 10 小时，按使用说明书对机具进行常规保养。

5. 检查调整粉碎还田机，须切断动力，并将机具垫起，严禁在悬挂状况下操作。

6. 机具作业时，机具后方严禁站人或跟人作业。不准在作业中检查调整机具。

图 8 - 5 所示为 4J - 140 型秸秆还田机，表 8 - 6 为 4J - 140型秸秆还田机主要参数和技术规格。

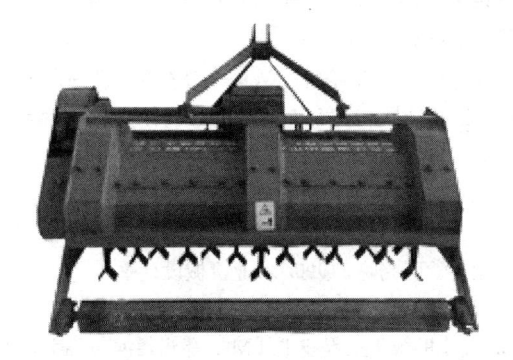

图 8 - 5　4J - 140 型秸秆还田机

表 8 - 6　4J - 140 型秸秆还田机主要参数和技术规格表

配套动力（千瓦）	30～48
外形尺寸（毫米）	1 550×1 500×980
结构质量（千克）	400
切碎长度合格率（%）	≥85
留茬高度（毫米）	≤75
秸秆抛撒不均匀度（%）	≤20
连接方式	三点悬挂

参 考 文 献

陈学庚，胡斌 . 2010. 旱田地膜精量播种机械的研究与设计 [M]. 乌鲁木
　齐：新疆科学技术出版社 .

新疆生产建设兵团农业技术推广站 . 2010. 农机新技术新机具 [M]. 乌鲁
　木齐：新疆科学技术出版社 .

汤智辉，王序俭 . 2003. 精准播种 [M]. 乌鲁木齐：新疆人民出版社 .

新疆维吾尔自治区标准局 . 1994. 农业机械田间作业系列标准 [S]. 乌鲁木
　齐：新疆标准情报研究所 .

王荣栋 . 2011. 小麦滴灌栽培 [M]. 北京：中国农业出版社 .

高焕文 . 2002. 农业机械化生产学 [M]. 北京：中国农业出版社 .

中国农业机械化科学研究院 . 1990. 农业机械设计手册（下册）[M]. 北京：
　机械工业出版社 .

汪懋华 . 2000. 农业机械化工程技术 [M]. 郑州：河南科学技术出版社 .

何雄奎，刘亚佳 . 2006. 农业机械化 [M]. 北京：化学工业出版社 .

东北农业大学 . 1988. 农业生产机械化 [M]. 北京：农业出版社 .

陈发 . 2008. 棉花现代生产机械化技术与装备 [M]. 乌鲁木齐：新疆科学
　技术出版社 .

李生军 . 2008. 棉花收获机械化 [M]. 乌鲁木齐：新疆科学技术出版社 .

高焕文 . 1998. 高等农业机械化管理学 [M]. 北京：中国农业大学出版社 .

李宝筏 . 2003. 农业机械学 [M]. 北京：中国农业出版社 .

北京农业工程大学 . 1996. 农业机械学 [M]. 北京：中国农业出版社 .

朱瑞祥，邱立春 . 2000. 农业机械化管理学 [M]. 长春：吉林科学技术出版社 .

马占元，王慧军 . 1994. 农业科技成果转化概论 [M]. 北京：中国农业出版社 .

任晋阳，齐顾波 . 1998. 农业技术推广学 [M]. 北京：中国农业出版社 .

赵晓春 . 2005. 农业传播学 [M]. 北京：中国传媒大学出版社 .

南京农业大学 . 1996. 农业机械学 [M]. 北京：中国农业出版社 .

高连兴 . 2000. 农业机械概论 [M]. 北京：中国农业出版社 .

朱瑞祥，邱立春. 2009. 农机经营管理学 [M]. 北京：中国农业出版社.

陈济勤. 2001. 农业机器运用管理学 [M]. 北京：中国农业出版社.

BG/T 5262-1985　农业机械试验条件测定方法的一般规定 [S].

陕西省农业厅. 1999. 地膜小麦高产栽培技术 [M]. 西安：陕西人民教育出版社.

张波屏. 1997. 现代种植机械工程 [M]. 北京：机械工业出版社.

魏永新，李玉琢. 1992. 农业机械运用管理学 [R]. 石河子：新疆石河子农学院.

Tecnoma. 2000. Technologies Fiches techniques de nouveaux pulverisateurs. Epernay，France.